儿童行为密码
如何读懂孩子的心

宋洁 著

天津出版传媒集团

天津科学技术出版社

图书在版编目（CIP）数据

儿童行为密码：如何读懂孩子的心 / 宋洁著 . -- 天津：天津科学技术出版社，2022.7
 ISBN 978-7-5742-0112-5

Ⅰ.①儿… Ⅱ.①宋… Ⅲ.①儿童心理学②儿童教育—家庭教育 Ⅳ.① B844.1 ② G782

中国版本图书馆 CIP 数据核字（2022）第 101552 号

儿童行为密码：如何读懂孩子的心
ERTONG XINGWEI MIMA RUHE DUDONG HAIZI DE XIN

策划编辑：	杨 譞
责任编辑：	张 萍
责任印制：	兰 毅

出　　版：	天津出版传媒集团 天津科学技术出版社
地　　址：	天津市西康路 35 号
邮　　编：	300051
电　　话：	（022）23332490
网　　址：	www.tjkjcbs.com.cn
发　　行：	新华书店经销
印　　刷：	河北松源印刷有限公司

开本 880×1230　1/32　印张 6　字数 150 000
2022 年 7 月第 1 版第 1 次印刷
定价：38.00 元

前言
PREFACE

　　爱扔玩具、总是说"不"、骂人、偷东西、总是欺负同学、说谎……是孩子真的有问题,还是大人认为他有问题?孩子犯错受到批评,你是不是能够不带情绪地去让孩子真正认识到错误呢?行为拖拉,不爱学习,课堂爱捣乱的孩子怎么引导?

　　孩子是一本无字的书,家长在解读孩子的成长问题时,应该从"心灵"入手,而非单纯地从"行为"入手。教育实际上就是一门"动心"艺术,家长应该懂得教育孩子的心理学。孩子的内心世界,跟成年人是大不相同的。90多年前,鲁迅先生就曾说过:"孩子的世界,与成人的世界截然不同,倘不先行理解,一味蛮做,便有碍于孩子的发达。"教育孩子,很关键的一点就是要走进孩子的心里,了解他的心理,知道他在想什么,"对症下药"，对孩子施以正确的、有效的教育，这样才能培养出卓越不凡的孩子。

《儿童行为密码：如何读懂孩子的心》这本书，旨在帮助孩子的父母了解最基本的教育学、心理学知识，掌握科学的教育方法、技巧，用心理学的规律去调适孩子的行为，培养出真正优秀的孩子。本书主要是教给家长们心理学知识在教育孩子中的应用技巧。针对孩子的心理需求、人际交往、自控能力、思维能力、自立能力等各个方面可能存在的问题，我们为大家提供了教育孩子时切实可行的操作方法，揭开孩子行为背后潜藏的心理密码，揭示孩子令父母头痛的行为背后的儿童心理学，帮助父母理解孩子、和孩子做朋友，引导孩子正确进行情绪管理，充分认知自我，做一个开朗、乐观、充满正能量的小朋友。

本书内容贴近现实生活，科学实用，书中收录的一些实例，极具参考价值，是家长了解孩子心理、塑造最棒孩子的不可多得的好帮手。每个孩子都是珍贵的存在，每个孩子都可能成为天才，而每位家长，都可能是培养天才的教育家。我们不能仅仅关注孩子智力的开发和身体的成长，更应该关注孩子心理上的微妙变化，更应该知道家长在家庭教育中应该懂得的心理学，知道如何在生活中运用它们。最后，衷心祝愿每一位家长都能做有智慧、懂教育的好家长，每一个孩子都能受到最好的教育，都能健康、快乐地成长。

目录
CONTENTS

第一章
小行为大心理，揭开孩子行为背后的心理真相

第一节 小孩子的"怪癖好" / 002

孩子为什么爱扔玩具 / 002

孩子为什么总是说"不" / 004

"人来疯"宝宝心里在想啥 / 007

偷东西的孩子就是贼吗 / 009

怎样剪断妈妈的"小尾巴" / 011

孩子为什么离不开他的破枕头 / 014

比"网瘾"还可怕的"考试瘾" / 016

孩子总是欺负同学怎么办 / 018

孩子得了"多动症"怎么办 / 020

第二节 孩子的这些行为要理解 / 024

孩子打人有原因 / 024

骂人的孩子不一定是坏孩子 / 025

我的孩子是个破坏王 / 028

孩子为什么故意"考砸" / 031

孩子犯了错误总是狡辩怎么办 / 034

孩子遇到困难只会哭鼻子怎么办 / 036

孩子任性其实是一种心理需求 / 038

"为什么"没有错，回答有技巧 / 040

孩子有自慰行为时应怎么办 / 043

孩子是在自残吗 / 046

第二章
没有熊孩子，
只有不懂孩子的家长

第一节 小小淘气包，各有各的淘 / 050

讨好成人的操纵型小淘气 / 050

幽默狡黠的谈判型小淘气 / 052

关注公平的辩论型小淘气 / 054

一心求胜的竞争型小淘气 / 056

刺激至上的冒险型小淘气 / 058

神秘敏感的消极型小淘气 / 061

第二节 专治淘气包：用对药才能见疗效 / 063

操纵型：针锋相对，秘密调查都不可取 / 063

谈判型：避免"以恶制恶"，重点关注行动 / 065

辩论型：解释自己的行为没必要，孩子只是需要关注 / 067

竞争型：不要争执或乞求，禁止拿别人作比较 / 069

冒险型：避免战战兢兢，事先提出条件让孩子遵守 / 071

消极型：不要做孩子的激励导师，让他去承担责任 / 073

第三节 扭转局面：让淘气的孩子服气 / 075

扭转不良情绪，你需要八个武器 / 075

让淘气包转变的五部曲 / 078

巩固转变成果，养成良好习惯 / 080

第三章
孩子厌学有原因，由"心"治疗学习困难症

第一节 谁扼杀了孩子的学习兴趣 / 084

好奇心是学习的催化剂，兴趣是最好的老师 / 084

教孩子识字越早越好吗 / 087

孩子厌学，妈妈怎么办 / 090

看似"没用"的书，也许最有用 / 093

第二节 巧用心理学，让学习更高效 / 097

为孩子营造最佳的读书氛围 / 097

多种感官齐动员，学习效率提上来 / 100

　　妈妈假装不知道，虚心向孩子"请教" / 102

　　孩子为什么只记得开头和结尾 / 105

　　记忆有曲线，别忘捡起旧知识 / 108

第三节 适度减压，让孩子在快乐中学习 / 112

　　要求从低到高，每天进步一点点 / 112

　　"第一名"不骄傲，"第十名"也很好 / 114

　　奖励要适当，否则可能毁前程 / 117

　　孩子遭遇学习低谷怎么办 / 120

　　给学习压力大的孩子做做情绪疏导 / 123

　　让自卑的孩子相信自己的能力 / 125

第四章

情绪宜疏不宜堵，
做好孩子的心灵导师

第一节 孩子有压力时，做好心理治疗师 / 130

　　及时去掉心理包袱，让孩子轻松前行 / 130

　　理解孩子，小孩也会"心累" / 133

　　开心的父母才有快乐的孩子 / 136

　　改变不了事实，就改变"想法" / 139

　　爱能让孩子从沮丧中重生 / 142

第二节 及时扑灭不正常的小火苗
——消除孩子的心理障碍 / 145

恐惧症：生活是黑暗的 / 145

抑郁症：童年是灰色的 / 147

缄默症：沉默不语 / 150

感觉统合失调：都市儿童的流行病 / 153

孤独症：蚂蚁比小伙伴更有吸引力 / 155

怀疑癖：樱桃到底什么颜色的 / 157

强迫症：不断洗手的孩子 / 159

第三节 给孩子一个宣泄情绪的出口 / 162

坏情绪，不疏导就可能会"决堤" / 162

不给压力留任何储存空间 / 165

让孩子在涂画中发泄情绪 / 167

给孩子一个专属的宣泄空间 / 170

积极暗示，让孩子摆脱坏心理 / 173

运动，摆脱坏情绪的好办法 / 175

第一章

小行为大心理,揭开孩子行为背后的心理真相

第一节
小孩子的"怪癖好"

○ 孩子为什么爱扔玩具

宋梅家的孩子9个月了,最近开始了一个新游戏——扔玩具,见什么扔什么,而且越扔越开心。只要东西拿到手上,他常常不遗余力地扔出去。宋梅以为是孩子不小心把玩具掉在地上的,于是就弯腰去把玩具给他捡起来,但是每次刚把玩具还给孩子,他又会用尽力气扔出去。这样反反复复好多次,宋梅这才发现原来是孩子在故意扔东西,于是就不再理他了。可是看到孩子眼泪汪汪地依旧用手指着地上的东西,宋梅只好又一次次地去把玩具捡起来给他。

很多9~10个月的孩子都会出现扔东西的情况,妈妈们总是苦不堪言。其实孩子喜欢扔东西并不是他存心捣乱,而是这个时期孩子的年龄特点决定的,这是一件好事,因为扔东西代表着孩子长大了,他开始了对世界的探索。

儿童心理学家认为,"扔东西"是孩子学习过程中的必经阶段。到了一定的年龄,孩子就会对事物的因果联系非常感兴趣。比如偶然把球扔出去的时候,孩子发现球是滚动的。开始他并不知道是自己的原因引起了球的滚动,但是经过多次的"偶然",

孩子就发现了"必然",发现自己扔的动作引起球开始滚动的效果。这让孩子意识到自己具有某种力量,并且发现自己和其他物体之间存在着某种关系。同时,在扔东西的过程中,孩子还意识到了自己与动作对象之间存在区别,这是自我意识发展的第一步。而孩子在扔东西后,东西总会掉到地上,并且不同的东西会发出不同的声音或者产生不同的改变,这对孩子来说是很新鲜的体验,于是就有了对世界最初的探索。

另外,孩子总是反复地扔东西也可能是想向大人显示自己的力量,渴望得到大人的表扬。刚出生的时候,孩子的手部动作还不灵活,不能够拿住东西。但是随着个体的发展,他发现自己不仅能够拿东西,还可以把东西扔出去了。这让他异常兴奋,认为自己又学会了一项大本领,所以经常非常高兴地进行多次重复,同时也希望引起爸爸妈妈的注意,给予他表扬。

当然并不是所有的扔东西都是孩子在探索和发现新世界或者显示自己的力量,有时候他们是想向大人传达某些信息。比如当孩子把自己手边的东西扔在地上的时候,他可能是因为发现自己长时间没人关注,于是想吸引家人过来和他一起玩;如果他把盖在身上的被子扔在地上,很有可能是告诉爸爸妈妈他热了,父母要细心留意孩子的需求。而在这种扔东西的过程中,孩子和父母之间就建立了"授受关系",这也为孩子最初的社交活动拉开了序幕。

为了孩子的健康成长,爸爸妈妈应该充分满足孩子"扔"的欲望，为孩子提供扔东西的环境。

当然，当孩子把大人的贵重的手表或者手机丢出去的时候，也千万不要发火，因为孩子不像大人那样有"爱惜物品""不把东西弄坏"的意识。所以，为了防止孩子造成不必要的损失，父母最好把贵重物品或者易碎的东西保管好，放在孩子拿不到的地方，然后可以让孩子玩一些不容易摔坏的玩具，比如铃铛、小球等。

但是凡事都有一个限度，在孩子扔东西的时候，父母可以制定一些必要的规矩。例如可以告诉孩子球可以扔着做游戏，但食物就不能扔在地上。如果你不能花许多时间为孩子捡东西，那么可以让他坐在铺有垫子的地板上，自己去玩扔东西。当孩子自己爬过去或走过去把东西拾起来的时候，要及时给孩子鼓励，这样可以避免孩子养成"丢"东西的坏习惯。

孩子喜欢扔东西，父母不必烦心，这只是一个很短暂的过程。当孩子学会正确地玩玩具和使用工具后，他的兴趣会逐渐转移到更有趣的活动上，"扔东西"的现象会自然消失。但是如果孩子到了2岁左右，仍然喜欢随意扔东西，那么就应该让孩子改变这个坏毛病了，因为这个时期已经不再是孩子扔东西的特定时期了。

○ 孩子为什么总是说"不"

妈妈带着刚满3岁的女儿丫丫和她的表哥去踏青，路上，妈妈说:"丫丫,让哥哥拉着你的手走,这样不会摔倒。"丫丫想都没想就很坚决地吐出了一个字:"不!"妈妈听了,就继续劝她说:"哥哥拉着你会很安全的!"丫丫还是倔强地说:"就不!我就不!"于是妈妈就让丫丫表哥主动去牵丫丫的手,这下可把丫丫气坏了,竟然大哭起来,不仅把哥哥的手甩开了,还一屁股坐在地上不走了……丫丫妈妈真是奇怪起了:"女儿最近怎么总是这样反常呢,这么倔强,情绪也很暴躁,以前那个温顺可爱的女儿去哪里了呢?"

正常情况下,一周岁左右的孩子就已经可以步行甚至小跑,他们发现自己即使没有妈妈的帮助,也可以去自己想去的地方。与此同时,孩子也开始对各种新鲜事物产生兴趣,思维也逐渐形成,并且开始试着表达自己的意见。

当孩子两岁左右的时候,运动能力、思维方式以及语言能力的发展让孩子学会表达自己的想法和主张。这时候的孩子,任何事情都希望亲自去做,很讨厌大人的帮助,比如洗脸的时候会拨开妈妈的手;还不会用筷子,却偏偏要自己拿筷子吃饭,如果帮他摆正拿筷子的方法,他还显得很不耐烦,会大发脾气。

妈妈总是突然发现原本乖巧可爱的孩子怎么好像变了一个人一样,无论妈妈要求他做什么,他都是一样的回答,"不!"很多妈妈为此烦恼不已,还有可能会对孩子大打出手。

其实当孩子说出"不"的瞬间,妈妈就应该意识到自己的孩子长大了!他说出"不"说明孩子正在形成自我意识,从此开始逐渐独立,不再任何事情都依靠妈妈了。"不"可以说是孩子向妈妈发出的独立宣言。

面对孩子的独立,妈妈应该高兴并且支持孩子的尝试。当孩子开始说"不"并且一切都要自己去尝试的时候,妈妈一定不要批评孩子的失误,更不能对孩子的失误冷嘲热讽。比如当孩子拨开你的手一定要自己吃饭,最后却打翻了饭碗时,妈妈千万不能说:"非要自己吃,打翻了吧?"这是对孩子独立要求的否定,会延缓孩子自我意识的形成。如果妈妈不顾孩子的想法,总是用命令的态度来对待孩子,这会让孩子感到耻辱,还会磨灭他想独立完成某一事情的意识,最后的结果只能是父母自己吃苦头。因为如果孩子小时候不能表达自己的主见,到了容易产生困惑的青春期甚至成年后,他可能会因为情绪不能自控而出现更大的问题。

当孩子自我意识形成的时候,他很可能会提出很多无理的要求,这个时候妈妈要怎么办呢?难道就听之任之?当然不是,这就需要妈妈开动脑筋去引导孩子形成好习惯了。比如,当孩子自己不会穿衣服的时候,给他穿上后他又偏偏哭着要脱下来坚持自己穿的时候,妈妈不要训斥孩子是在制造麻烦,而是要表扬他能够自己试着做事情;妈妈也可以不跟孩子说自己的目的,只把孩子放在特定的环境里。比如孩子应该睡觉的时候,妈妈可以直接把孩子抱到床上,这样就可以减少被孩子拒绝的机会。如果孩子仍然大喊:"我不睡觉。"妈妈可以说:"不是让你睡觉,你可以在床上玩一会儿。"

其实父母如果意识到孩子的反抗是长大的体现，每天都为孩子的成长而感到高兴，这样不论抚养的过程多么艰难，父母也不会感到累，反而会体验到看着孩子成长的乐趣。

○"人来疯"宝宝心里在想啥

"小麻雀"是王爸爸送给女儿的昵称，这个孩子从小就活泼好动，今年已经4岁了，虽然依然是个小淘气，但是也坐下来安安静静地玩玩具或者看看书。爸爸经常觉得女儿长大了，开始懂事了，非常开心。可是，每次带女儿去亲戚家，或者参加婚宴，又或者家里来了客人的时候，小家伙就会马上恢复"小麻雀"的本性，变得特别兴奋，欢呼雀跃，大喊大叫。一会儿打开电视，把音量放到最大；一会儿上蹿下跳，模仿动物的叫声；一会儿又把洋娃娃抱出来，在客人面前玩过家家……如果爸爸妈妈制止她这种行为，她反而会闹得更厉害。

相信很多家长都遇到过这种尴尬的场面，甚至平时乖巧、礼貌的孩子也不例外，一旦有客人来了就无理取闹、撒野，弄得父母很难堪，不知如何是好。为什么孩子会出现这种"人来疯"现象呢？

儿童心理学家认为，家长的过度溺爱或者严厉的管束都有可能会造成"人来疯"现象。我们知道，现在的孩子大多数是"独生子女"，平时就是全家围着孩子转，无限制地满足孩子的一切要求，导致孩子"自我为中心"的意识特别强。孩子在心里觉得自己的地位"至高无上",而且已经习惯了这种待遇。但是,在家里来了客人或者到别人家里做客时,父母关注的焦点发生了转移,把主要精力放在招待或应付客人身上了,对孩子的行为和心理状态没有平常那么敏感,孩子感觉到自己一下子从"宝座"上摔了下来,心理落差很大,所以要通过任性、不听话等方法来引起父母、客人的关注,这实际上是在提醒父母:还有我呢,不要把我忘记了。

过度严厉的管束也会引起孩子的"人来疯"现象,平时家长不让孩子与外界接触,孩子就像笼中的小鸟,被抑制了爱玩的天性。如果家中来了客人,而且客人还夸奖孩子活泼,这时候家长又很宽容,不好意思当着客人的面训斥孩子。孩子会敏感地感觉到这种变化,利用这个机会来解放自己。

另外父母要反思自己的家庭生活是不是过于平静,日复一日,气氛单调,所以有人来做客才会打破往日的平静,给孩子带来强烈的刺激,使孩子发"人来疯"。

那么,面对孩子的"人来疯",父母应该怎么做呢?

首先,父母应该改善家庭教育方法,平时要多给孩子机会与外界接触,多与人交往,以减少看见客人时的新鲜感。家里有客人来时,让孩子与客人接触,学会问好和招待,使孩子懂得一些待客之道。同时还要注意把孩子介绍给客人,这样可以使孩子感觉到不受冷落,大人们交谈的时候,如果不需孩子回避,就尽量让他参加;如果需要孩子回避,也不要把孩子单独支到一边,可以派出父母中的一个去陪他。

其次,当孩子发生"人来疯"的行为时,家长不要急于改变这种情况,因为直接的说教可能会使孩子产生逆反心理。为了改正孩子的"人来疯"情况,家长应该试着和孩子玩在一起,等孩子丧失了戒备心之后,再有针对性地慢慢沟通和解决问题,而不要只是一味强硬地要求孩子改正。

另外,在批评孩子的行为的时候,也要注意方法。如果孩子还小,家长应该抓住时机及时教育,让他清楚自己错在什么地方。要对孩子讲清楚,这种行为是对客人的不礼貌,大家都不喜欢。但是最好不要采取过激的态度,因为那样不仅会让客人尴尬,孩子也听不进去。如果孩子比较大了,最好不要当客人的面教训他,因为这时候的孩子自尊心很强,如果当着别人的面批评他,揭他的短,会让他觉得很难为情。

最后,家长也可以利用孩子的"人来疯",引导孩子在客人面前展示自己的优点和其他特长,出于一种爱在别人面前炫耀自己的心理,孩子在客人面前的表现往往比平时好。

○ 偷东西的孩子就是贼吗

小童今年5岁,聪明伶俐,是个帅气的小男生。这天下午放学后,妈妈把他从幼儿园接回家,就去厨房准备晚饭了。客厅里响着轻柔的音乐,一向顽皮的小童,今天居然也安安静静地在屋子里看起了画册。

妈妈从厨房里探出头来:"小童今天好乖哦。"小童拿起画册,兴冲冲地说:"妈妈,这本故事书好好看!"

看到那本书,妈妈的脸沉了下来,原来,并没有人给他买过这本书。"你怎么会有这本书呢?"小童紧紧抱着那本书,喊道:"这是我的!"

"瞎说,爸爸妈妈没有给你买过这本书。"

"我的……是爷爷买给我的。"

爸爸回家后,妈妈把这件事情告诉了他。

晚饭后,爸爸对小童说:"小童,我们去看看爷爷好不好?"

小童一听,似乎明白了爸爸的意思,连忙说:"我明天还要上学呢,不想去了。"

"爷爷给你买了这么好看的书,不去谢谢爷爷多没礼貌啊!"爸爸又说。

小童见事情没法再隐瞒,就羞愧地道出了事情原委:"今天下午,我看见欢欢的桌子上放着这本书,我很喜欢,就趁她不注意拿回来了。爸爸,我错了……"

"这怎么得了,才5岁的孩子就学会说谎,还偷别人的东西,长大以后还不知道会怎么样呢……"妈妈指着小童怒气冲冲地说。

在这种情况下,很多父母都会担心自己的孩子有小偷小摸的倾向,其实这不过是情绪发育过程中的正常现象。著名心理学大师皮亚杰认为2~7岁儿童思维属于"前运算阶段",是从表象思维向抽象思维过渡的阶段。处在这一阶段的孩子，往往分不清什么是"你的""我的""他的"，他觉得只要是自己喜欢的东西，都可以把它带走，年龄越小，这种现象就越普遍。因此，我们不能把孩子的"顺手牵羊"称之为"偷窃"。

但是对孩子的这种行为听之任之也是不可取的。必须让孩子知道，在没有得到许可的情况下，拿走别人的物品是绝对错误的行为。妈妈必须要在孩子的世界里建立"所有权"的观念——让孩子清晰地知道，什么是别人的，什么是自己的。同时也要让孩子知道，在拿别人的东西之前，需要得到对方的同意。

其实，建立所有权观念，应该从小做起。在家里，应该有明确的"所有权"概念，这个东西是爸爸的，那个东西是妈妈的，这个东西是孩子的。另外，要建立孩子的所有权概念，妈妈还要学会尊重孩子的所有权。例如当需要拿孩子拥有的物品时，要先征得孩子的同意，归还时还要对孩子表示感谢；如果有小朋友想要借孩子的物品，告诉他们这个东西是孩子的，让他们去征求孩子的意见……一旦孩子感到自己的所有权得到了尊重，那么他在不知不觉中也就学会了尊重他人的所有权。

○ 怎样剪断妈妈的"小尾巴"

4岁的男孩天天最近经常缠着妈妈，成了一个不折不扣的"小尾巴"和"醋坛子"。天天以前都是自己睡觉，最近忽然要求妈妈和他一起睡。有一天，妈妈给他讲完故事，看他已经闭上了眼睛，便想悄悄离开，不料妈妈刚一动身，他就猛地睁开眼睛，拉住妈妈的衣服央求道："妈妈，我想和你一起睡。"

另外如果妈妈带着他到公园，他也不愿意离开妈妈去和其他的小朋友玩。如果勉强去和小朋友玩了，一旦看到妈妈在对某一个小朋友笑，就会马上冲过来抱着妈妈，对那个小朋友"示威"："这是我的妈妈！"

妈妈对此非常发愁，她想儿子这么黏人，长大之后怎么成为一个有担当能独立处理问题的男子汉呢？

其实这是一个很正常的现象。因为这时候的孩子进入了情感表达的敏感期。当孩子到4~5岁的时候，他的情感世界就会被父母的爱唤醒，他对情感也产生了更加深刻的认识。所以，这个时候的孩子特别喜欢跟妈妈和爸爸在一起，总是喜欢和父母黏在一起，感受来自父母的温暖。这就是为什么孩子会忽然变得特别依恋妈妈的原因。

此外，这时候的孩子还希望父母能够把爱都给他，不能分心，否则他就会怀疑父母是不是不再爱自己了。所以如果妈妈去忙别的事情，或者跟其他的小朋友稍微亲近些，甚至妈妈笑着跟别人说话他都会很难过，会马上跑过去阻止妈妈去做这样的事情，有的时候甚至会哭闹不止。

那么这时候的父母应该如何满足孩子的情感需求，让孩子顺利地走过情感敏感期呢？

首先父母要尽量满足孩子的心理需求。当孩子处在情感敏感期的时候，一般都会表现得比较"脆弱"，所以父母一定要理解孩子，尽量去满足他的心理需求。比如当孩子晚上要求妈妈抱着他睡觉的时候，如果妈妈同意，他的感情需要就得到了满足。其实，表面看来是孩子要求妈妈抱抱，孩子真正的意思却是说自己想要得到妈妈更多的爱，当妈妈哄孩子睡觉时，可以一边拍着孩子一边说："妈妈喜欢宝宝，妈妈会永远爱宝宝的！"这样孩子的心理需求就得到了满足，孩子就会很快安然入睡。

其次，父母要给孩子表达感情的自由。因为孩子的语言能力发展并不完善，但是他们又急于表达自己的情感，所以处于情感敏感期的孩子总是喜欢亲吻父母，会经常往父母的怀里钻。其实，这不仅是孩子向父母索取爱的过程，也是向父母表达爱的过程。这个时候，父母应该高兴地接受孩子的感情，配合孩子，一定不要用自己的主观意识去解读孩子的行为，或者根据自己的心情去回应孩子。

不过值得注意的是，虽然孩子对妈妈产生依恋是正常的而且是成长过程中的必要阶段，也为孩子将来能够成功地与他人和睦相处打下基础，但是孩子的这种依恋不能长时间地存在下去。随着年龄的增长，到了上小学的时候，孩子还是强烈拒绝和父母以外的任何人亲近，这个时候就属于过度依恋了。这种过度依恋对孩子来说并不是好现象，所以，妈妈千万不要以为孩子眼里总有自己而感觉甜蜜。要知道，这种甜蜜的背后隐藏的是孩子成长的问题。

○ 孩子为什么离不开他的破枕头

2岁的小哲有一个蓝色的枕头,这个枕头从小哲一出生就陪伴着她,小哲非常喜欢这个枕头,时时刻刻都离不开它,甚至有时候去奶奶家过夜也要抱着自己的破枕头去。现在这个枕头的枕套已经破了,而且看上去很脏,妈妈就自作主张换了一个新枕套。不料小哲发现之后大哭大闹,一定要原来的那个枕套。妈妈没有办法,只好把那个旧枕套补了一下还给了小哲。

孩子依恋枕头或者布娃娃的行为是一种典型的儿童恋物现象,但是父母不必害怕,因为这绝对不是个别现象,很多小孩子都会出现这样的恋物现象。这种恋物现象与孩子早期的生活是分不开的。幼儿时期的孩子会通过各种感官体验来满足探索世界的需求或者安抚自己的情绪,比如,吸奶嘴、手指是为了满足口腔吸吮的欲望;抚摸被角、毛巾、毛毯、棉布等物品是为了寻找触觉的舒适感。

一般来说,8~9个月大的孩子就会开始对柔软、触感好的东西表现出强烈的喜爱,比如衣服、毯子、玩具娃娃等。这些物品被称作"过渡期对象",它们能为孩子带来心理安慰。在孩子的心里或者潜意识中"这些东西就是妈妈,妈妈是我的。"

为什么这些物品被称作"过渡期对象"呢?这是因为此时的孩子正处在离开妈妈、获得精神独立前的过渡状态,如果孩子想要离开妈妈、获得独立,就必须要找到能暂时代替妈妈的东西,而这些东西就是孩子们眼中的"无价之宝",是无论什么东西都取代不了的。

孩子在睡觉或者承受较大心理压力的时候，会表现得更加依恋这些物品。比如，当孩子身处医院等让他感到害怕的环境中或者是陌生的地方，他就会通过抚摸喜爱的物品来让内心安定下来。

通常情况下，孩子在4岁左右注意点得到转移，对过渡期对象的需求也就不会那么强烈了。在孩子4岁前强行阻止恋物行为会给孩子造成压力，因此是不可取的。

如果孩子长大之后依然有恋物行为并且还出现了性格孤僻、不善交际和忧郁敏感的情况，这就要引起爸爸妈妈的注意了。因为只有当孩子与父母没有形成良好的依恋关系时，他才会对一件物品产生病态的依恋。如果孩子对父母的信任感减弱，孩子的恋物行为就会变得更严重。这时候父母要去请教专业的医生，并且要为孩子准备"迁移载体"，使孩子无法对依恋物"专情"。当然，最重要的是加大对孩子的感情投入，增加与孩子的接触和互动，让孩子形成安全感。修补好出现了问题的亲子关系才是解决孩子病态恋物癖的根本。

如果孩子只是单纯地依恋某件物品，并没有出现性格上的缺陷，那么父母其实也没有必要紧张，只要未来孩子的配偶不介意，父母也没有必要强行制止这种行为，因为那可能只是孩子形成了一种习惯而已，并不是心理问题。

○ 比"网瘾"还可怕的"考试瘾"

东辉是海口一所重点高中高二的学生。他家离学校很近。每天放学后,匆匆吃完饭,他就钻进自己的卧室开始学习。一般情况下他都会学习到凌晨两三点,早上五六点又起床准备上学。妈妈看他这样拼命,总是劝他注意休息,但是无论怎么说都无济于事。他的爸爸还很骄傲地跟别人说:"我们家孩子太爱学习了,不让学还很生气。"

东辉的这种学习状态可以追溯到初中时候。那时,东辉经常考全班第一名,但他对此很不满意,他一直以考全市第一为目标,对于学习丝毫不懈怠。上初三时,为了考上最好的高中,东辉开始了更加疯狂的学习。初三本来就很紧张,所以东辉的妈妈没有太在意孩子的这一做法,但上了高中后,东辉仍然如此拼命,甚至在暑假期间,他仍然每天都发奋学习。他对自己的要求是,高一就要把高中三年的知识学完,保证自己在这所全国重点高中拿第一。他妈妈当时觉得苗头不对,想带东辉去看心理医生,但东辉的爸爸反对,他认为这是孩子太爱学习的原因,不能批评,更不容另眼看待。

但后来,东辉这个高二的孩子身体日渐瘦弱,神情过于亢奋,终于有一天承受不住,住进了医院。

目前的应试教育压力极大,学生们容易对上学和考试产生消极抵触心理,这很容易理解,而像东辉一样,强迫自己超负荷学习,最终导致身心崩溃,这就属于不太正常的心态了。因为人天生就有"趋利避害"的心理机制,它包含两方面内容:人会对来自外界与自身的压力和不利因素本能性地进行反抗和逃避;人会对自己想要的东西有着本能性的向往,想占有,想获得,并且会采取一定的行动来实现它。这是一种健康的心理机制。

对东辉来说,学习的压力很大,正常的心理反应应该是逃离这种压力,而东辉却恰恰相反,主动去接近这种压力,这实际上是一种"趋害避利"的心态,是一种不健康的心理机制。东辉的这种"瘾"并不是"学习上瘾",而是"考试上瘾"。学习上瘾的孩子,享受的是知识带来的快乐,而"考试上瘾"的孩子所追求的,不是追求知识时感到的快乐,而是家长、老师等外部世界的奖励和认可。

家长常常会害怕孩子染上"网瘾",但很少有人会担心孩子有"考试瘾",甚至有些家长还希望孩子能有"考试瘾",认为只要孩子喜欢考试,他就会喜欢学习,就能学到更多的知识了。其实,这种"考试瘾"甚至比"网瘾"还害人。网络成瘾的孩子,在心理机能上基本上是正常的。这些孩子染上"网瘾"的原因通常是在家里感受不到父母的爱,父母给的压力太大或者在学校得不到老师的关注,所以这些孩子本能地产生"趋利避害"的心理,逃离家庭和学校,进入网络世界寻找温暖;而"考试成瘾"的孩子则颠倒了这种本能,他们几天没考试、不学习就非常难受,这是不正常的心态,干预起来也比较困难。在孩子的成长过程中,如果任由这种心理机制发展下去,他最后一定会成为偏执型人格障碍。成绩将成为他精神上的唯一支柱,一旦这个支柱坍塌,孩子就有可能走向精神分裂。

要防止孩子染上"考试瘾",聪明的妈妈首先要懂得把孩子的成绩看淡些,不要只根据孩子成绩好坏奖罚孩子。孩子取得了好成绩,那种开心的心情就已经是最好的奖励了,父母完全没有必要再画蛇添足地给予孩子很多外部奖励。外部奖励太频繁,孩子内心的喜悦就会被夺走,最终孩子的学习动机也会变得很不单纯。当然孩子没有取得好成绩的时候,家长也不应该责骂,而是应该给予理解。

此外,妈妈要鼓励孩子多发展其他的爱好,或者让孩子适当地参与家务劳动,总之不要让孩子把追求好的学习成绩当成是人生唯一的任务。只要学习成绩不是孩子唯一的精神支柱,孩子就不会患上"考试瘾"了。

○ 孩子总是欺负同学怎么办

8岁的轩轩散漫、冲动、好斗,言行极具攻击性,一年级下学期就闻名全校。成绩门门红灯高挂,调皮捣蛋得出奇。老师见他头疼,同学见他害怕,上课破坏纪律,下课欺负同学,一会儿把同学的球抢过来扔掉,一会儿把女同学正在跳的橡皮筋拉得有十来米长,一会儿又故意用肩去撞对面过来的同学。如果谁说他一句,他就会对他拳打脚踢。

孩子之所以欺负人,其实是调动了自己的心理防御机制,将自己所遭受的虐待和承受的痛苦转移到别人的身上并从这个过程中取得自己心理上的平衡。孩子往往不懂得如何恰当地运用心理机制，那些曾经受过家庭虐待、遭受父母遗弃的小孩多数会选择这种心理防御机制。他们不敢或没有机会将父母带给他们的愤怒直接返还给父母，就把这种愤怒转移到另一个对象上去了。这些"替罪羊"多为更加弱小的孩子，甚至是一些小猫、小狗等宠物。

孩子转移不安的方法通常是采取攻击性行为，也就是欺负别人。攻击性行为不单单指动手打架，它在不同的年龄阶段有不同的表现形式。幼儿园阶段主要表现为打架，是一种身体上的攻击；稍微长大一些的孩子更多的会采用语言攻击，谩骂、诋毁，有意给对方造成心理伤害。从性别上来分析的话，采取暴力攻击的多数是男孩，女孩以语言攻击居多。

通常具有这些暴力行为的孩子，家庭都不太和谐。培养出暴力孩子的家庭通常也有暴力父母，孩子经常会被父母的暴力手段惩罚，这会使孩子产生一种抵触情绪，并把这种恶劣的情绪"转嫁"到别的人身上，找别人出气；有时候父母喜欢看一些暴力电影，经常玩暴力游戏，这也会在无形中影响孩子的行为。此外，家长过度的溺爱也会铸就这种惹事"小霸王"。有时候，父母看似为孩子好的一句话也会引起孩子的暴力行为。

有儿童心理专家曾经提出过这样一个观点：那些总是去欺负别的小朋友的孩子，其实在心里觉得自己是非常弱小的。的确，只有那些觉得自己非常弱小的孩子，才会通过欺负别人的方式来证明自己的强大。但是很明显，孩子的这种自我意识是非常不健康的。

那么，有哪些因素使得孩子把自己定位为弱小的人呢？不管家长愿不愿意承认，家长都要对此负有不可推卸的责任。总是有些家长认为，自己的批评可以使孩子变得强大，但事实却正好相反，孩子不仅没有变得强大，他反而会觉得自己是不被父母接受的孩子，在这个复杂的世界中只有自己才能帮助自己，这让孩子顿时觉得自己很渺小。同时家长的批评让他对人际关系产生很强的恐惧感，这种恐惧感很有可能会伴随他一生。在人际关系恐惧感的影响下，他不会交朋友。但是如果孩子错过了学习如何交朋友的最佳时机，他以后都不会在社会交往中有很好的表现。

为了改正孩子的攻击行为，父母应该注意以身作则，停止自己的那些攻击性言行，创造一个良好家庭气氛；要注意控制有暴力镜头的电影、电视，不让孩子玩有攻击性倾向的玩具；不要鼓励孩子的攻击性行为，要引导孩子进行换位思考，让孩子慢慢放弃用暴力解决问题

○ 孩子得了"多动症"怎么办

5岁的明明是个很难管教的男孩。他几乎没有一刻安静的时候，总是动来动去，即使是在房间里，也总是不停地跑跑跳跳，不是撞到茶几，就是打翻杯子。他出门之后再回家，腿上总是青一块紫一块的，连自己都不知道是什么时候磕的。他吃饭的时

候也不老实，总是扭来扭去的，不能安静地吃东西。连睡觉的时候，他都在不停地动，一会儿踢开被子，一会儿把枕头弄到地上。

明明的妈妈听人说，得了多动症的孩子就是这样"屁股长钉子"，怎么也坐不住，因此她觉得孩子患上了多动症。但是医生说，明明只是活动量过大而已，并没有多动症。

那么，什么是多动症呢？它和活动量过大有什么区别呢？

活泼好动是儿童的天性，也是他们的可爱之处。但是日常生活中有些孩子不是活泼好动，而是不听家长、老师的劝阻，不分时间、地点地乱动乱跑，这些儿童很可能就是患上了儿童多动症。

儿童多动症又称为注意力缺陷障碍，是一种以注意力缺陷和活动过度为特征的行为障碍，一般在学龄前出现，其中男孩多于女孩。

多动症的主要表现就是活动过度，多动症儿童经常不分场合地过多行动；但是不是所有的活动量过大都是多动症，那只是多动症的一个表现而已。多动症患儿的行动往往没有目的性，做事经常有始无终。而活动量大的孩子行动是有目的性的，自己还会对行动进行计划。

此外，注意力不集中也是多动症的一个显著特点，与正常儿童相比，多动症儿童极易受外界的干扰而分散注意力，总是不停地从一个活动转向另一个活动。他们在任何场合都不能较长时间集中注意力,即使是在看动画片的时候,也不能专心去做;而那些仅仅是活动量过大的孩子,在做自己喜欢的事情时,是能够全神贯注的。

情绪不稳、冲动任性,易激动、易冲动等都是多动症儿童的典型特征。有研究表明,80%的多动症儿童都喜欢顶嘴、打架、纪律性差,有的甚至还有说谎、偷窃、离家出走等行为。同时由于注意力不集中,多动症儿童还常常出现学习困难,但是要注意的是多动症儿童的智力发育是正常的。

多动症如果得不到及时治疗,将会影响一个人生活的各个方面。青春期时,患儿就会出现一系列问题,如逃学、反社会行为等。到成年期,虽然很多患者会发展出一套行为机制来隐藏多动症症状,但是他们依然无法避免多动症带来的影响:难以与他人融洽相处,因此社会关系紧张;很难较好地完成工作任务,因此无法维持固定的工作并且收入低。

那么面对患有多动症的孩子,妈妈应该采取什么样的方法来最大限度地减少多动症带来的影响呢?

首先妈妈要正视现实,给孩子更多的关心、教育和培养,带孩子去医院进行心理咨询和检查,听听医生的分析。如果确定孩子患有多动症,就要配合医生进行治疗。目前对多动症的治疗主要是药物治疗,但是要在医生的指导下进行,家长不能胡乱给孩子用药。

另外还有一系列的心理治疗方法,妈妈要协助孩子完成。首先是提高孩子自我控制能力。妈妈可以试着给孩子一个简单的题目，让孩子在完成题目之前做好一系列的动作。首先停止其他活动；然后看清题目，听清要求；最后，回答问题。这种训练可以随时随地进行，比如当孩子要看书的时候，让孩子自己把书本、凳子摆好，打开台灯，完成这一系列动作之后再看书。需要注意的是，在进行自我控制训练时，任务要由简到繁，时间要短到长，自我命令也要由少到多。

另外在生活中，多动症儿童的父母还要注意以下几点：

（1）要正视孩子，不能歧视他，要有耐心地进行教导。

（2）对孩子的要求要适当。不要用对正常孩子的要求来要求患有多动症的孩子。要先把他们的行动控制在一定范围内，然后再慢慢提高要求。

（3）多动症儿童的注意力本来就很难集中，因此在孩子吃饭、做作业时，父母千万不要主动分散他们的注意。

最重要的是，多动症患儿的父母一定要明白爱才是影响孩子治疗效果的决定性因素。父母应该全面了解孩子的病情，关心孩子，爱护孩子，这样孩子才能逐渐好转。

第二节
孩子的这些行为要理解

○ 孩子打人有原因

王莉很苦恼地跟好朋友抱怨说:"我们家宝宝最近不知道怎么回事,简直变成了一个'暴力分子',他总是喜欢打我的脸,打我的头,有时候会狠狠地拽着我的头发不放手。对他奶奶也是,下手特别狠。而且他只打和他亲近的人,要是邻居哄哄他,抱抱他,他都不会动手。"

相信很多小宝宝的妈妈都会有这样的烦恼,这是为什么呢?是低龄的孩子都有"暴力倾向"吗?

关于这一点,儿童心理学家为孩子做出了辩解:

婴幼儿打人的行为是他们表达爱的一种方式。每个孩子都能感受到家长对他的爱,可是因为孩子还没有掌握语言,也不知道怎样更合适地表达自己的爱,所以他们只能用最简单的表达方式——打人,来向自己亲近的人传递自己的感情。

不过这是对于年龄很小还不会说话的婴儿来说的,随着孩子年龄的增长,尤其是孩子能够自己走路和说话之后,很多家长就不再像孩子小时候那样去关注孩子的每一个动作和每一个表情了,但孩子对家长关注的需求却丝毫没有减少,这时候孩子难免会产生失落感。如果孩子偶尔一次打人被父母发现,父母大多会开始教育孩子打人是不对的,但是孩子却发现打人原来是吸引家长注意的一种方式,只要他有打人行为,他就可以成功地获得父母的关注。因此,打人的行为就成了孩子吸引家长注意力的一种手段。从这种情况,家长们也可以知道,如果自己对孩子的打人行为不那么敏感,那么孩子就不会用这种手段来吸引家长的注意了,他也就不会把打人变成一种习惯。

对于孩子打人的这两种情况,家长应该分情况解决。

当孩子用打人表达爱的时候,家长应该教会孩子正确的表达爱的方式,比如亲吻、拥抱、握手等。

对于这些年幼的婴儿来说,他们还没有灵活地掌握语言,也不会用其他的方式来表达自己的爱。所以,在这种情况下,家长最应该做的就是教会孩子正确地表达自己的爱,而不是把注意力放在孩子打人这种行为上。

孩子学会了表达爱之后,忽然又出现了打人现象,那这时候父母就要反思是不是自己给孩子的关注不够多,导致孩子为了吸引家长注意而打人。家长要注意的是,虽然孩子长大了,活动的范围也变广了,但是孩子对大人关注自己的需求并没有减少,家长不要因为孩子可以自己玩了就减少对孩子的关注。

○ 骂人的孩子不一定是坏孩子

第一次听到孩子冷不丁地说出:"我打死你""你是猪"等骂

人的话或者其他脏话时,大多数父母想必都是心头一震,大声斥责:"你这是跟谁学来的?""谁教你的?"这些不好的话当然不会是孩子自己想出来的,而是孩子听见别人说,然后才跟着学会的。

孩子听到别人说的话以后会跟着学,这就是学习语言的过程。骂人、说脏话也是一样的,孩子并不知道自己所说的话的意思,他们只是在重复自己刚刚学到的语言。另外,当孩子学会骂人说脏话的时候,这意味着他的社会关系正在逐渐扩大,已经超越了单纯的家人范围。家长们不必为了孩子骂人说脏话而过分担心,认为孩子有什么问题,要认识并接受孩子的这种成长过程。但是这并不是说家长可以允许孩子用脏话来表达想法,当孩子骂人、说脏话的时候,家长要告诉他如何让正确的表达自己的思想。

在孩子 2 岁半左右的时候,孩子的自我意识开始萌芽。这时候,孩子忽然惊奇地发现,语言是一种神奇的力量:语言能让人发脾气,能让人伤心落泪……正是因为这个原因,孩子开始快乐地试验语言的力量。其中骂人、说脏话也是他们体验语言力量的一种方式。

由于家长对这些骂人的话和脏话非常敏感,当孩子使用这些语言时,家长或者会强行制止孩子,或者会对孩子大发雷霆。家长的这种表现反而让孩子更加深刻地感受到了语言的力量,体会到了语言所带来的快乐,所以他们就更加喜欢使用这些语言。

那么，面对孩子这些骂人或诅咒的语言，家长应该如何科学地对待呢？

一天早上，郑丽正在给3岁的女儿穿衣服，女儿忽然来了一句："臭妈妈，你真坏！你弄痛我了！"郑丽也是心头一惊，但是脸上没有表现出来，反而平静地对孩子说："衣服穿好了，快去洗漱吧！"女儿脸上露出有些惊奇的表情，但她不甘心，嘴里不停地喊着："臭妈妈、坏妈妈……"郑丽假装没有听到，仍然忙着手里的家务。最后，女儿终于沉不住气了，她一边摇妈妈的胳膊，一边对妈妈说："妈妈，我在说'臭妈妈'！"

郑丽依然一脸平静："是，妈妈听到了。乖女儿，我们该吃早餐了吗，去吃饭吧！"女儿有些奇怪地结束了这个无趣的游戏。

之后的一段时间里，女儿开始全面地运用这种语言，叫奶奶叫"老臭奶奶"，叫爷爷"臭老头"，有时候还会专门跑到有些严肃的爸爸面前喊道："臭爸爸！笨爸爸！"

但是全家人都对此没有反应，依然该怎么对待孩子还是怎么对待孩子。原来，郑丽已经偷偷跟全家打过招呼了：不管孩子运用多么"恶毒"的语言，我们都不做出任何反应。

没过几天，女儿终于彻底放弃了这个无聊的游戏。

孩子第一次骂人说脏话的时候，大部分情况不是为了表达生气的情绪，而是淘气。他只是发现语言具有力量之后，一边试验语言的力量，一边与身边的人玩激怒你的游戏。但是如果家长对孩子的游戏不做反应，孩子很快就会主动放弃这个没意思的游戏。

对待 2～6 岁这一年龄段孩子的骂人行为，家长们没有必要对孩子发怒或者急于纠正孩子的行为，而是应该对孩子的这些语言不做任何反应。但是如果孩子长大后并且已经明白骂人的目的之后还出现这种情况的话，妈妈就应该用非常严肃的语气指出孩子这样做是不对的，并且让他改正不再重犯。

○ 我的孩子是个破坏王

在刘老师的心理咨询室里，坐着小亮母子俩。

小亮是一个聪明伶俐，又很调皮的小家伙，讲起话来手舞足蹈，有意思极了。小家伙在咨询室里一点儿都不害怕，反而做出各种各样奇怪的表情，惹得刘老师哈哈大笑。

看着小亮的"表演"，妈妈觉得又好气又好笑，她问道："刘老师，我这孩子是不是有多动症？您看他这样子，没有一刻能安静下来。我们家里的东西几乎被他拆了个遍，现在弄得家里垃圾一大堆，简直就成了废品收购站。刚开始的时候，他只是拆拆闹钟等小东西，因为都是小东西，我们也没在意，心想坏了再换一个就是了。后来，这孩子就变成了见什么拆什么，前几天把我的电脑主机给拆了，还把一些主要零件也弄坏了，害我花了 2000 多块钱才修好。为此我狠狠地揍了他一顿，原以为他会改好，可是安分了几天他又开始折腾了。我们这工薪家庭哪经得起他这么折腾啊。"听完妈妈的诉说后，刘老师给小亮做了检查，排除了小亮有多动症的可能。那么小亮为什么这么爱搞破坏呢？

有很多孩子像小亮一样，非常喜欢把家里的闹钟、收音机、电视等拆开，想看看这些东西为什么能工作，会发出声音；有一些孩子的破坏行为则表现为经常扔他人的玩具和文具；还有一些孩子喜欢在墙壁上乱涂乱画、摔东西等。这一切在妈妈们眼中都是搞破坏的行为，但是这些行为其实是有很多类型的，妈妈应该细心地去观察，不能粗暴简单地采取打骂形式来应对孩子的破坏行为。

像小亮那样看到闹钟能走、收音机会唱歌、电视机能显示画面等新鲜的东西就想知道原理的孩子，其实是强大的求知欲在吸引着他"搞破坏"，他们对这些现象往往十分好奇，想了解其中的究竟。这些孩子中可能有些愿意与妈妈共同探讨，有些孩子则愿意自己动手去弄明白。如果父母总是没有时间和孩子一起来探讨这些东西，或者指导孩子去拆卸，那么这些孩子的行为在许多妈妈就变成了具有极端破坏力的行为。

而那些喜欢拿别人的物品撒气的孩子，有可能是因为遭到了别人的欺负或者讥笑，但是又没有人帮助他正确地处理，他内心想反抗，又不敢付诸行动，于是只能把怒气指向了别人的物品，通过破坏这些物品来发泄自己心中的不满。

还有一些家庭中，孩子没有得到妈妈足够的关爱，没有感受到家庭的温暖。在这种情况下，孩子就有可能通过破坏物品来发泄心中的怒气，同时期望以此引起妈妈的注意。还有一些是在溺爱的家庭中长大的孩子，长期为所欲为，也有可能会产生通过摔门、摔椅子、撕衣服等破坏性行为。

当发现孩子出现破坏性行为时，很多妈妈的反应首先是愤怒，然后不分青红皂白地对孩子一顿打骂。对孩子的这些行为，妈妈首先要做的应该是耐心地与孩子交流，找出孩子出现破坏行为的深层原因。

如果孩子的破坏性行为是出于好奇，妈妈就不应该责备孩子，以免抹杀孩子的学习兴趣。这时候，妈妈可以跟孩子订立一个规定，对于一些比较便宜的物品，妈妈可以提供参考书，让孩子单独进行探索；对于一些较为昂贵的物品，比如电脑、电视等，妈妈可以抽出时间与孩子进行共同研究。让孩子能够在成人的指导下进行研究，这不仅能减少物品的损坏情况，还能更好地满足孩子的好奇心，增强孩子的兴趣，而且也可以让孩子学会适当约束自己的行为。对于那些通过破坏来报复、发泄内心不满的孩子，妈妈可以与孩子共同商讨解决问题的可行途径，使孩子明白破坏他人物品的报复行为并不是解决问题的有效办法，从而学会采用更恰当的方式来解决问题，既不破坏自己与同伴之间的关系，同时也能够很好地表达自己内心的愿望。

有些长期被溺爱的孩子一旦父母没有满足他的要求，他就会赌气，故意损坏东西，以此来要挟大人，发泄对父母的不满。对于这种故意破坏物品的行为，家长绝对不要姑息迁就，既要严厉批评，也要让孩子为自己破坏物品的行为负责。比如故意摔坏玩具，就至少在半年内不买新玩具；砸坏了碗碟，告诉孩子两周内不能吃他最爱吃的冷饮，省下的钱用来买新的碗碟。这样的孩子受到惩罚后，就会在脑海里留下深刻印象，就不敢再由着性子发脾气了。

○ 孩子为什么故意"考砸"

一位心理学专家曾经说过："医生的孩子经常生病，老师的孩子不爱学习，是我在咨询过程中经常会遇到的案例。"

小枫是一个初三的学生，他学习很努力，在一般的随堂测验中总是表现出色，但是一到了大考试，像是期中、期末考试，他就总会考砸，几乎没有例外。

小枫的父母都是教师，他们想尽了各种办法，但就是无法帮孩子提升大考时的心理素质，无奈之下，妈妈带着儿子来看心理医生。

母子俩见到心理医生后，妈妈先发了一通感慨："我是优秀教师，在全市都很有口碑，我教出了那么多优秀的学生，但就是教不好自己的孩子，我觉得自己很丢脸。"说完这番话，她用"恨铁不成钢"的眼神看着小枫。小枫把头垂得很低，不肯看妈妈的眼神，也不和心理医生对视。

听完妈妈的话后，心理医生请她离开咨询室，留下小枫做心理咨询。在妈妈离开的一瞬间，小枫把头抬起了一点，而且脸上的那种羞愧马上就消失了，取而代之的是一种倔强的神情。

心理医生一下子看出小枫那倔强的表情下面隐藏的是对妈妈

的不满。小枫说在家里感到很压抑，爸爸妈妈总是太在乎他的成绩。每次大考结束后，拿到成绩单，发现成绩不怎么样时，他的心里一开始总是闪过一丝快感，然后才会觉得又考砸了，又让爸爸妈妈失望了。

听小枫这么说，心理医生顿时明白了，实际上小枫内心深处其实是不想考取好成绩的，这种一闪而过的快感才是问题的根本所在。

心理医生对小枫的妈妈说最好别再盯着小枫的学习，放手一段时间。小枫的妈妈犹豫了很久，但还是答应试一试。结果中考结束后，小枫以优异的成绩考入了市重点高中。

案例中小枫在大考中成绩不佳的原因是他对父母教育方式不满的表达，他的潜意识中存在着这样一种心理：你们最在乎这个，那我就偏偏不给你这个。但是你们不能怪我，我努力了，肯定是你们教我的方式有问题。其实很多青少年也存在和小枫一样的心理，只不过是没有意识到而已。他们只是隐隐约约地在拿到糟糕的考试成绩后闪过一丝快感，或故意做错一件事，因为"捣乱"被批评后反而会得到一种满足。

其实这些都是典型的"被动攻击心理"。这种心理就是用消极的、恶劣的、隐蔽的方式发泄自己的不满情绪，以此来"攻击"令他不满意的人或事。在孩子当中，最常见的表达方式就是有意无意地做错一些事情，惹得父母特别生气。结果，父母对孩子进行一番攻击。看上去是父母攻击了孩子，实际上是孩子在内心深处故意惹父母生气。

　　这种心理其实很不健康。当事人不能用恰当的、有益的方式表达自己不满的情感体验。尽管他们知道应该与人沟通，寻找解决办法，但是却极不愿意去做。更不愿大大方方地表达出来。而是采取只有他自己才清楚的、将事情越弄越糟的"宣泄"方式来使自己的心理获得某种平衡。这种不健康的心理行为如不及时纠正，必将严重化，当孩子进入社会时，他会把最初只针对父母的被动攻击心理演变一种比较恶劣的人格心理。

　　一般出现"被动攻击"情况的孩子，他们的父母都会有以下三个共同点：第一，对孩子的期望很高；第二，对孩子的控制欲望非常强烈，生怕孩子遇到任何挫折，于是希望尽可能完美地安排孩子的一切；第三，不允许孩子表达对父母的不满，他们认为孩子最好的优点就是"听话"。

　　这三个特点结合在一起，会让孩子感到窒息，并对父母产生深深的不满。要改善这一点，最好的方式就是"适当放手"，即父母给孩子制定一个基本的底线——认真生活不做坏事，然后让孩子去选择自己的人生，只在非常必要的时候才去帮助孩子。

　　而且，父母还要注意自己家庭中的沟通氛围，要保证孩子在家里可以直接对父母表达情绪和不满。因为如果孩子心中产生了不满，却又被禁止表达，那么他们就会采用这种"被动攻击"的方式表达出来。

　　因此，要消除孩子故意"考砸"和"捣蛋"的行为，最好的办法是做个理解孩子的父母，尊重他们的思想，让他们为自己做主，允许他们有自己的秘密，给予他们充分自由独立的空间。

○ 孩子犯了错误总是狡辩怎么办

田女士是一个尊重孩子的妈妈，一般不会强迫女儿做什么事情，女儿也因此思维活跃、能言善辩，不过现在田女士却面临着一个困惑：女儿越来越喜欢狡辩，无论做什么事总有自己的理由，不愿意听取父母的建议。比如，孩子见到田女士的好朋友从来不叫阿姨，田女士告诉她这样不礼貌之后，她还是不叫，而且还列举了各种理由：我不喜欢叫；我不喜欢这个阿姨；我当时想睡觉，等等。几乎所有的问题，只要她不想做，都有很多理由。田女士不禁为孩子的表现担心起来。

在一个喜欢讲道理的家庭中，孩子比较容易养成能言善辩、自作主张的行为习惯，相应地，也容易变得不愿意听取别人意见，喜欢一意孤行。好的教育应该让孩子既有主见，又能听取别人的合理意见，并对自己的行为做出调整。这样的孩子对自己和他人的意见具有较强的分辨能力，不至于演变成顽固地坚持自己想法的人。

讲道理是值得提倡的教育方法，但是为什么很多父母感到给孩子讲道理没有用呢？对于孩子来说，尤其是12岁以下的孩子，他们的心理发展特点是以形象思维为主，还很难理解许多抽象的名词概念，因此这时候对孩子的教育应该以行为训练为主，最好不要用讲大道理的方式进行。比如当孩子不喜欢叫"阿姨"的时候，不必讲很多为什么不叫"阿姨"是错误的大道理，只要培养孩子礼貌待人的行为习惯就好。

另外家长还要反思自己是不是在某些时候对孩子的狡辩表示了赞赏的态度。比如有时候，孩子"狡辩"之后，家长会说："你这小嘴还挺能说！""你还挺有主意！"还有的家长会用假装生气的态度对孩子说："不许狡辩！"但是内心却存在对孩子的欣赏。这种潜在的欣赏比直接的表扬更让孩子有快感，于是他知道了：反驳父母的建议反而能获得父母的好感，所以不听取父母建议的习惯就这样形成了。

此外，父母还要注意的一种情况是，虽然在大多数情况下，父母的要求和做法都是正确的，但还是不能忽略孩子的态度和意见。现在是个多元化的时代，教育的难度增大了。但是我国多年形成的文化中，总是希望孩子听话。可是如今的孩子有了自己的思想，对家长不再言听计从，有时候甚至还会对着干。面对这种情况，家长应该与时俱进，转变观念，和孩子一起成长。时代进步了，不能把自己看不惯的事物通通看作"大逆不道"。要对孩子进行正确地引导，学习与孩子沟通的技巧，建立良好的关系，而不是单纯地责怪和打骂。

父母应该常常鼓励孩子说出自己的想法，不要以"小孩子不懂什么"为理由剥夺孩子表达自己的权利。如果孩子长时间得不到尊重，就会变得不自信，失去应有的创造力；或者会变得非常叛逆，无论什么事情都要进行狡辩，与父母关系恶化。父母在给孩子的建议应该为他留下一定的自由选择空间，让孩子感到配合父母的建议是快乐的、身心愉悦的，这样的话他合作的积极性就会提高。

○ 孩子遇到困难只会哭鼻子怎么办

常听到家长说，孩子一遇到困难就哭，比如玩积木、拧瓶盖什么的，只要是弄不好，就会大发脾气，开始大哭。

两岁多的欣欣在玩新买的积木，这种拼插的塑料积木是她第一次玩，有于拼插的接口不一，需要仔细观察找准相对应的接口才能拼插好，这对她而言是一次新的挑战。玩了一会儿后，欣欣碰到困难了——两块积木怎么也插不进去！欣欣小脸憋得通红，用尽全身之力再试一次，还是不行！她气急败坏地把玩具往地上一扔，大哭起来，"这个玩具不好，拼不进去，我要扔掉它们！"

很多孩子遇到困难也像欣欣这样，喜欢哭或者发脾气，比如扣子总是扣不上、玩具总也插不进、剪纸老是剪不好，碰到这样的挫折时，烦躁得不得了。孩子为什么一遇挫就哭呢？

这是因为孩子年龄小，各项能力还不足，某些事情大人能轻而易举地完成，对于孩子却无比艰难。这时，大人要做的是安慰他，告诉他做不好是因为他还是个小孩子，力气不够，手还不够灵巧，等他多多练习就会做好的。孩子慢慢会明白他做不到不是因为自己不够好，只要多多练习和时间够长的话，他最终能成功。

每个父母都希望自己的孩子能够独自面对社会的压力，越能抗压，说明孩子越强大。其实，锻炼孩子的抗压能力，家长不必刻意制造挫折，只要利用生活中的"挫折"顺势而为即可。孩子在遇到挫折哭闹时，家长要充分信任孩子，相信孩子有抗挫折的能力。孩子在克服困难后会产生成就感和自豪感，感觉到自己的"力量"，并激发下次面对挫折勇于挑战的信心。

但是，中国的父母有的时候，却非常乐意去干那些为孩子扫清前进障碍的活。其实，在最初的时候，每个孩子遇到困难时，都有一种强烈的内心需求：想通过自己的力量去思考、探索、克服，哪怕这个过程历尽千辛万苦。所以孩子碰到成人在提供不必要的帮助时，他们会反抗会哭泣。但是如果成人长期给予孩子不必要的帮助，孩子就会依赖于成人的帮助，不去尝试、不去探索，更不去自己思考了，遇到困难直接找大人求助，自己不会解决。这种情形才是令人担忧的。

在孩子看来，不必要的帮助等于成人在对他说：你不行，我帮你。这样，他不会认为你在帮助他，他感觉到的是你的不信任和轻视。孩子只有通过自己一次次错误和失败的尝试而解决问题后，才能得到自豪感和成就感，从而建立自信。这比成人对他泛泛地说你真棒要有用很多。

有些成人意识到了不必要帮助的弊端，但是有时候克制不住帮助孩子的冲动，其是看到孩子做某些事情完成得很糟糕或是让我们胆战心惊的时候，就会情不自禁地对孩子施以援手。比如当孩子笨拙地提起裤子，裤子没有整理好的时候，妈妈会情不自禁地想帮孩子把裤子整理好；又比如孩子颤颤巍巍跨小水沟似乎又跨不过去的时候，家长忍不住一把把孩子提起来，帮他跨过去。这样其实破坏了孩子独立完成一件事情的完整性，给孩子传递的信息是：孩子什么都不会做，什么都做不到，要在大人的帮助下才会成功。

所以，家长要尊重孩子所做的努力，尊重孩子的劳动成果，哪怕这个结果不太完美，甚至有些糟糕。在当今世界，事业的成败、人生的成就，不仅取决于人的智商、情商，也在一定程度上取决于人的抗挫折能力。不仅是成功，幸福的人生一样要有较强的抗挫折能力，这样在任何挫折面前才能泰然处之，永远乐观。

○ 孩子任性其实是一种心理需求

生活中，经常见到一些孩子特别任性，为达到某种目的哭闹不止，把家长搞得精疲力竭。

4岁的明明看到邻居小弟弟的电动小汽车与自己的不太一样，他急于探究这种区别存在的原因，于是明明可能会在夜里无休止地哭闹着，任性地坚持要妈妈给自己买一辆一模一样的小车来延续自己的探索活动。

一个3岁的孩子正兴高采烈地玩气球，妈妈不小心给碰破了，孩子会顿足大哭，怎么哄都哭闹不止。

人们往往把这种任性归咎于家长对孩子的娇惯，其实这种结论过于简单和武断。

美国儿童心理学家威廉·科克的研究表明，孩子任性是一种心理需求的表现，与父母的娇惯没有必然的联系。他指出，幼儿随生理发育，开始逐渐接触更多的事物，但对这些事物的正确与否，他们却不能像成人那样做出准确和全面的判断。孩子只会凭着自己的情绪与兴趣来参与，尽管有些参与行为会对他们不利。

处于独立性萌芽期的幼儿，对一切事情都想亲力亲为、想弄个透彻，这原本是好事。但是，孩子肯定有他的幼稚性和不成熟性，不可能像成人一样理性。因此，孩子的这种"亲力亲为"的心理行为，往往会不合情理地表现出来，这就导致了我们所说的任性。家长有时需要进行换位思考，从孩子的角度看待他们的行为表现，对其要求不可包办代替或断然拒绝。而要根据当时的实际情况采取不同的措施区别对待，毕竟孩子任性有时也是一种心理需求，应该得到尊重。

但是，绝大多数家长是以成人的思维更多更全面地考虑结果，却往往忽略了孩子的情绪和兴趣。实际上，这些兴趣与要求也正是孩子心理需求的一种表现形式。这些事情表面看起来是孩子太任性，在无理取闹，其实真正的原因是孩子的好奇的心理需求没有得到满足。当这种心理需求得不到安抚和满足时，孩子只能以哭来表示抗议。

随着孩子的成长发育，他们越来越多地接触更多的事物，这些事物带给宝贝很多意想不到的困惑，为了解开自己心头的疑问,宝贝总希望通过自己的方式来解决问题。如果明明哭闹的时候,妈妈能够问明原因并理解他的这种心理需求,并及时表扬明明爱动脑筋,再讲清楚当时的情形下为什么无法满足他的要求,大概孩子就不会哭闹了。

另外,3岁的孩子正兴高采烈玩的气球,被妈妈不小心给碰破了,孩子便哭闹不止。妈妈会认为孩子任性,无理取闹。如果妈妈当时可以从孩子心理的角度去分析,便会明白这是因为孩子已经把这个彩色气球拟人化,把它当作自己的玩伴,气球破了,"玩伴死了",自然会使他伤心欲绝。婴幼儿的这种心理得不到理解和安抚时,无奈中只得以哭闹来抗议。

总之,面对任性哭闹的小儿,对其进行严厉的批评毫无意义,父母应该把重点放在分辨孩子的哭闹原因上,再想些帮助他的办法。否则,孩子的任性就会越来越严重,这实质上是一种与家长对抗的逆反心理,多因家长初始没有理解和重视他们的心理需求所致。所以,年轻的家长应该多了解孩子的心理,从而理解和接受孩子的心理需求。

○"为什么"没有错,回答有技巧

孩子总是有着无比强烈的好奇心,他们从不管自己问的问题是不是可笑,也不会去想爸爸妈妈能不能回答自己的这些问题。尤其是当孩子到了快要入学的年纪时,他们会变成一个"十万个为什么"。他们见到什么问什么,想到什么问什么。"为什么有的豆子是青色的,有的却是黄色的?""为什么妈妈穿裙子,爸爸从来不穿?""天为什么是蓝的?""月亮为什么不会掉下来?""我们为什么会有五个手指?""我是怎么来的?"……

如果妈妈对孩子的问题能够认真、充分地解答,孩子会感到被尊重,好奇心也得到发展。所以,妈妈应该保护好孩子的好奇心,认真回答孩子的每个问题。如果当时实在没有时间和精力去解决孩子的问题,也要记住在自己空闲的时候,给孩子解答。有时候,孩子问的问题可能自己也解决不了,或者给孩子解释不清,那么应该告诉他,这些是自己不能解答的,或者告诉孩子等到他长到一定的年龄,才能听懂这些东西。

但是,实际生活中,当孩子们不断地问"为什么"时,妈妈一般都会不胜其烦,就算有耐心的妈妈,也未必有能力一一解答孩子的问题。

所以,在问问题的时候,孩子们常会"碰壁":"小孩子,不懂的不要乱问!""不是告诉你了吗?你怎么这么事多?""你怎么这么多事?我也不知道!"……于是,这个小家伙伤心地走了,他这才知道原来问问题需要一些条件,原来问问题是错误,原来大人也有不知道的时候……于是,很多小孩子都乖乖地闭上了嘴巴,看到一些新鲜的事情,也不会马上就大喊"妈妈,那是什么?"所以,我们会发现,孩子越长大,问题也就越少了,家长也不必费尽口舌地告诉他,这是什么,干什么用的,为什么会出现这样的现象?总之,解脱了!

可惜的是，孩子天生的好奇心在问题消失的时候，也随之慢慢消失了。这是一个失败教育的开始。随着好奇心的泯灭，孩子就不再去主动认识世界，自然而然地，孩子认识世界的能力也降低了。同时，他们也很少再有主动获得知识的快感。随之而来的，他也就失去了本身应该具有的独创性，而这才是他们人生中重要的东西。一个人没有了好奇心，没有了独创性，也就没有了主动认识问题、解决问题的能力。

其实，妈妈回避孩子不断问问题的心理虽然可以理解，但是不能提倡。妈妈在孩子心中的威严并不完全建立在"博闻多识"这一条上，对事情的态度、对孩子的信任和尊重、在工作上取得的成绩、夫妻之间的评价都会影响到孩子对妈妈的认识。如果妈妈在平时的生活中很积极，面对家庭的困难也毫不气馁，对爸爸和孩子都呵护备至，常常得到邻居的称赞，那她在孩子心目中就会有很好的形象，即便遇到问题不会回答，孩子也不会因此改变对妈妈的崇拜。

另外，承认错误是一种勇气，承认自己的无知更需要勇气。当妈妈在孩子面前真实地说出自己也不知道的时候，孩子与你的距离会更近。当然，承认自己不知道还只是回答问题的第一步，如果只说一句"我也不知道"就走人了事，会让孩子感到失望。怎么办呢？当孩子的提问兴致在没有回答的情况下大减时，妈妈不妨说："虽然我现在不知道答案，但是我知道在哪里可以找到答案。让我们去图书馆寻求神秘的答案吧！"听到妈妈的这番话，孩子会马上兴奋起来，想去图书馆探个究竟。

不要因为怕自己丢面子，怕在孩子面前没有权威，随便编个答案告诉他。这对孩子没有任何好处。在他没有知道事情真相之前，会把你的答案当作真理，告诉别的小朋友。这样，带给他的很可能是嘲笑和讥讽，而在他知道真相之后，就会不相信你了。

独立解决问题的能力是拉开人与人之间的差距的重要指标，当孩子向你提出难以回答的问题时，不要回避或假装知道，尽管把真实的情况告诉他，让他学会独立解决问题，这样的他才能成长得更扎实、更健康。

○ 孩子做事拖拉怎么办

四年级男孩李江，成绩一直很不错，但是，老师和同学都不喜欢他，因为他做事总是拖拖拉拉。他的作业经常不能够按时完成，导致老师经常生气。在生活中，同学们谁也不愿意跟他合作。他办事情像一个老太婆，和大家根本就不合拍。在一次晚会中，大家一起玩游戏。他和几个同学分在一组，结果因为他拖拖拉拉，使得他所在的那一组输得很惨。同组的几个同学都责怪他，不愿意和他交往。慢慢地，其他同学也不愿意理他了，觉得跟他合作既倒霉又没有意思……他在学校连个好朋友都没有，感到很压抑。父母最讨厌看到李江做事磨磨蹭蹭的样子，而且也为这件事情打了他不少回，就是不见效果。

像李江这样的孩子很多，做事拖拉、慢吞吞似乎不是什么大毛病，但融入集体，进入社会工作后，拖拉的恶习就会暴露出原本的弊端。

做事拖拉、磨磨蹭蹭是孩子常见的一种毛病。

做事拖拉的孩子一般会有以下的表现：做作业时不专心，东看看西玩玩，1小时可以做完的作业要用2小时甚至更长的时间；从早上起床、穿衣、洗漱到出门上学的这段时间内，动作慢吞吞，不紧不忙地，经常导致迟到；因怕困难而把艰巨的任务、麻烦的事情拖到最后办理，或寻找借口一拖再拖；一般不善于整理环境，卧室、写字桌上乱七八糟；一般都缺乏进取精神，不愿改变环境，不愿接受新任务；老是不肯做作业，一直拖到每天的最后一刻，甚至点灯熬油开夜车；遇到棘手的事或考试，就装生病、找借口，企图回避；在受到不公正的待遇时，即使自己有理，也喜欢忍气吞声，以免和别人发生冲突；无论遇到什么事情都怨天尤人，从不从自身寻找原因；说起来一套一套的，想法很多，但从来不去付诸实施……

如果孩子在学生时期还没有克服掉这种毛病，就有可能形成懒惰的性格，在碌碌无为中度过平庸的一生。父母教育孩子，一定要注意帮孩子改掉这一陋习。

而父母要培养孩子绝不拖延的意识，最重要的是必须让他学会珍惜时间，懂得"一寸光阴一寸金，寸金难买寸光阴"的道理。这首先要求妈妈自己是一个珍惜时间的人。

《朱子家训》开篇说："黎明即起，洒扫庭除，要内外整洁。"

一天之计在于晨，当孩子醒来，发现父母已经把屋子收拾得干干净净了，周围空气清新，精神自然百倍。相反，如果家里乱糟糟的，一片狼藉，人也就没什么激情开始一天的学习生活了。

所以，勤劳的父母往往能保持好家人的积极情绪，而且，也能教育孩子珍惜一天的时间，认真对待每一个黎明。

早晨时间有限，看着孩子从起床、吃饭到准备上学，样样拖拖拉拉，三催四请还是慢吞吞的，让你忍不住扯开嗓门责备他。结果你发火了，孩子却泪眼汪汪地站在那儿发愣，或是坐在那儿发呆。这样会比较快吗？

父母气急败坏地呵责，孩子仍然慢吞吞。当心——你的气急败坏造成错误的身教，孩子长大后会变得跟你一样脾气不好。另一方面，孩子的挫折感和当时的惊吓，也会带来更多的抑郁和适应上的困难。

慢吞吞已经够你心烦了，若再加上教导不当，衍生其他冲突或心智成长上的问题，那就更令人困扰了。许多孩子的问题像滚雪球一样，越滚越大，随着年龄增加，将有更多的困扰。

孩子做事慢或者磨蹭，有的与孩子的性格有关，有的和孩子的生活习惯有关，父母应具体问题具体分析，对症下药，力争药到病除。

吃饭慢，这是小问题，只要孩子没有一边吃一边玩，而是在细嚼慢咽，就是可以容忍的；做作业慢，那是因为他没有什么有趣的事情等着去完成，如果完成了作业可以看电视，孩子就会积极一点，但是，不能拿这个作为交换条件，防止孩子的速度上来了，质量下去了。

有一个家长非常大胆——让孩子在看电视的广告时间做作业。孩子很感谢妈妈的宽容，作业写得又快又好，这种方式，也许值得妈妈们借鉴一下，因为这样给孩子的不仅是宽松的时间，更是莫大的信任。

一般来说，有明确目标的人，做事情会很快。拖拖拉拉的孩子，也许缺少的是目标感。另外，孩子的惰性也是导致拖拉的一个原因。不给孩子惰性心理留任何滋生的机会，时时提醒孩子"明日还有明日事"是非常重要的。

对于孩子的拖拉，建议父母给孩子规定一个时间，让他限时完成。同时，父母还可以为孩子准备一个记事本，将要做的事情按重要顺序分类，养成孩子做事有条不紊的习惯。为了去除孩子对父母的依赖心理，让孩子自己承担做事拖拉的后果。比如要出门，提醒孩子准备妥当。若不改拖拉，就要丢下孩子，让他独自承担后果。

生命是由时间积累而成的，谁将该做的事无端地向后拖延，谁就会无端地浪费生命；谁重视时间，时间就对谁慷慨；谁会利用时间，时间就会服服帖帖地为谁服务。尽早培养孩子珍惜时间的习惯，即是教会了孩子珍惜生命。

○ 孩子厌食怎么办

学校门外，家长们正在等待孩子们放学。几位妈妈在聊孩子的吃饭问题，一位妈妈担心地说："我家毛毛，每次吃饭都能吃一碗米饭，好多菜。平常还吃好多零食，现在已经很胖了，我怕他再这样发展下去，会长成一个小胖墩。"

另一位妈妈在边上随声附和道："我家彬彬也是，吃得太多，有点胖，我都担心他会得儿童肥胖症呢。"

这时，一直没说话的一位妈妈开口了："你们的孩子都还好，以后慢慢控制一下孩子的饮食就可以了。你们不知道，我们家芳芳，每次吃饭弄得跟打仗似的，这不吃那不吃的，米饭只吃一小口，我和她爸爸、奶奶每次都是追在她屁股后面求着她多吃一点，可就这样，这孩子每顿饭吃得还是很少，都 4 岁半的孩子了，看起来比人家 3 岁的孩子还瘦小呢……"

妈妈们正聊着，幼儿园放学了，孩子们一个个看到等在外面的家人，兴高采烈地叫着嚷着跑了出来。只有芳芳，一个人无精打采地、慢吞吞地走了出来。

生活中有很多像芳芳一样厌食的孩子，他们多是独生子女、生活富裕、娇生惯养，他们的妈妈担心自己的孩子长得不快，怕孩子营养不够，常常硬塞给他们东西吃，结果导致了这些孩子的厌食。

造成孩子厌食常见的原因有：常让孩子独自一人先吃，不与家人一起进食，没有饮食气氛。孩子进食时，父母或他人过分紧张地注视，造成孩子精神紧张。用种种许诺诱惑孩子进食或者用玩具逗哄孩子进食，降低了孩子的进食兴趣。有的孩子进食时注意力分散，边吃边看电视或画册，抑制了消化液的分泌，影响了消化功能。

"别说话，好好吃！""快点吃！""不要把饭粒撒到桌子上！"在父母的谆谆教诲中，原本愉快的进食氛围马上变得严肃起来，孩子必须时刻提醒自己按照大人的要求吃饭，运用有限的记忆力记住相当数量的规矩，这势必造成孩子兴奋遭受到抑制与弱化，导致消化腺分泌减少，食欲下降。对于偏食的孩子，妈妈们不断地给孩子下达命令："这个必须吃完！""这个不能剩下！"对孩子而言，"吃"就成了一种痛苦的经历。长此以往，孩子逐渐就对"吃"产生了厌恶之感，厌食的习惯就这样慢慢地产生了。

要想消除孩子的厌食，妈妈的心态一定要放平和，这是让孩子吃好、长好最关键的一点。同时要消除各种不良因素对孩子的影响，帮孩子建立进食时的愉快情绪，促进胃肠道腺体的分泌功能和消化功能，增加食欲。

第二章 没有熊孩子,只有不懂孩子的家长

第一节
小小淘气包，各有各的淘

○ 讨好成人的操纵型小淘气

威威是个很乖巧的孩子，父母吩咐他的事情他总是会尽心尽力地完成；他也是最受爷爷奶奶喜爱的一个孙子，因为和兄弟姐妹相比，他总是很主动地去帮爷爷奶奶捶腿捏肩，嘴上还不停地给爷爷奶奶讲着笑话，看到威威来，这两位老人的嘴就乐得合不上。威威最喜欢别人夸他，一旦听见别人的表扬，他就会高傲地仰起脸，一副自豪的样子。

如果不是亲眼看见，爸爸妈妈一定不会相信那个颐指气使指挥小伙伴的孩子是自家的威威。那天爸爸妈妈下班回家看到威威正在小区里玩耍，和小朋友玩的时候他总是一副指挥官的样子："你，去那边！""琪琪，不要做那个，去挖土！"如果有小伙伴提出不满，他就会挥着拳头走到别人面前威胁："不听话你就走！我们都不喜欢你！"

威威就是一个操纵型的小孩，这类小淘气是典型的两面派。这类孩子非常善于讨成人的欢心，但是在同伴面前则是一副趾高气扬的样子。

这类孩子的优点是意志坚定，做事绝对不会三心二意，而且非常喜欢指挥别人。如果他们能够从事商业活动的话，通常能够取得非常大的成功。法国作家让·季杜罗曾经说过这样的话："成功的秘诀在于真诚——如果你连这一点都能伪装的话，那就没有什么办不成的事了。"

这句话是对操纵型最好的描述。他们在长辈面前通常会表现得十分低调，就像是一个稳重懂事的小大人。但是如果你仔细观察过的话，你会发现这类孩子在低调的情况下也会重视自己的权利胜于义务。

这类孩子总是野心勃勃、目标明确，对于现在社会的生存来说，这似乎并不是一个缺点。但是父母要注意的是，他们绝对不能忍受成为"第二名"，他们的处事原则是只看结果。如果取得成功的代价是一定要说谎或者进行一系列不光彩的行为，他们也会毫不犹豫地去做。而这类孩子一旦面临失败就会彻底崩溃，一蹶不振。

很多父母往往不能相信自己的孩子是这样的人，他们总觉得那个乖巧的孩子是始终如一的。但是如果这些家长看到自己的孩子与同龄人的相处模式，他们就会感到很震惊，似乎孩子一下子变成了另外一个人。他们在同龄人面前是一个大独裁者，他们在与小朋友相处的时候总是会拉帮结伙，并且会为了自己的利益牺牲别人。

如果这些孩子和父母有了矛盾，他们会妥协和谅解；但是如果他们和同龄人闹了矛盾，那么他们的友谊常常是难以挽回的。

他们会拉拢其他的孩子孤立这个"敌人"。所以操纵狂孩子除了为了达到目的不择手段之外,还有一个致命的弱点——交际圈子狭窄而且难以维护。所以父母要尽量帮助操纵狂孩子改变待人处事的方式,并且要告诉他如何维护友谊和处理与朋友之间的分歧。如果他们没有得到这方面的指导,那么他们很少会赢得别人的尊重,甚至会让多数人感到害怕,最终孤独一生。

○ 幽默狡黠的谈判型小淘气

谈判型小淘气是非常精明的孩子,他们的座右铭就是"一切都是可以商量的。"父母的要求有任何漏洞都会被这些小淘气找出来。如果你给谈判型孩子两个选择,他们常常能够提出第三种选择,如果家长答应了这种孩子的第三种选择,他们马上就会得寸进尺地想出第四种方案。

谈判型的孩子通常古灵精怪,幽默狡黠,开始的时候父母会被他们逗得哈哈大笑,以为自己和孩子拉近了距离,回过神来才会发现自己上当了,不经意间自己已经成了孩子利用和嘲弄的对象。

这种类型的孩子也很适合商界,事实上他们很适合做市场营销的工作,因为他们似乎天生就拥有用不完的实用性智慧,而且善于取悦和笼络别人。大多数人们都喜欢这种类型的人。但是作为这类小淘气的父母,你经常会经历那种"冰火两重天"的感觉,有时候你会恨不得把他们抱起来不停地亲吻他,有时候又会产生一种把他们狠狠揍一顿的冲动。

谈判型小淘气的共同特点是他们都很善于依靠转移注意力来避开失败的可能性,所以父母在教育他们的时候一定要对自己所说的话进行仔细地斟酌。最好每次只针对一件事情进行讨论,因为如果议题太多,孩子就会很容易地转移话题,结果就是家长无功而返。

除了善于转移话题,这些孩子还很喜欢欺骗别人,所以这类孩子如果没有得到及时的管教,他们极有可能在长大之后缺乏诚信,只会说不会做,表面一套,背地里一套。当发现孩子说谎的时候,很多家长都会感到很忧虑,担心这种恶习接下来会引发偷盗、结交不良朋友和逃学等更加严重的问题。

其实孩子养成说谎的习惯是因为长期的说谎行为没有得到应有的惩罚,父母应该帮助这些狡猾的小淘气们回归诚实。那么怎么才能帮助他们克服说谎的坏习惯呢?

(1)杜绝任何借口。借口是谎言的温床。告诉这些孩子,如果说出来就一定要做到,否则就是在说谎,禁止他们为自己的行为找借口。

(2)在家里定下实话实说、言出必行的规矩。所有的人都要做到这一规定,包括父母在内。其实,父母的榜样作用也是很重要的。

(3)父母要担任起判定孩子行为的法官。如果你实在不能确定这类孩子说的话是真是假,那么就表情严肃地告诉他:"我不太相信你所说的话,你要想办法证明给我看。"当然这只限于孩子严重违反了做人原则的时候,如果只是些无关紧要的小事情,父母大可不必这么紧张。

(4)不要因为孩子的谎话而大发雷霆,这是没有用的。当确定孩子说谎的时候,你可以平静地对孩子说:"孩子,你的这种说法很有想象力,不过现在妈妈想听一下实话。"听到这句话,谈判型孩子就会清楚地意识到自己的行为已经被拆穿了,再隐瞒下去只能给自己带来更坏的结果,所以聪明伶俐的谈判狂是不会吃这样的"亏"的,他一定会及时说出实话,并且恳求父母的原谅。

(5)要对孩子撒谎的行为采取一些惩罚措施。他必须要为自己的行为付出一定的代价,只有这样他们对诚实的认识才会随着年龄而增长,最终改掉说谎的坏毛病。

○ 关注公平的辩论型小淘气

英国前首相撒切尔夫人在接受一位记者采访的时候被告知有人对她的政策不满。撒切尔夫人的脸上马上笼罩了一层委屈以及受到侮辱的表情,似乎在说:"他们凭什么对我的政策不满?"接下来她没有解释自己的政策,而是怒气冲冲地问究竟是谁对她的政策不满。

撒切尔夫人就是一个辩论型的人。这种类型的孩子就像一个天生的人权主义战士,时时刻刻在关注着任何有失公平的地方,不过这种公平只是相对他自己而言的。如果你经常听到你的孩子

说"凭什么",那么他十有八九就是一个辩论型的小淘气。比如:

"凭什么让我去倒垃圾?我昨天才倒过!"

"凭什么外婆给了表妹一个玩具没给我?"

"凭什么我的苹果比她的小?"

这类孩子的心里时刻装着一架小天平,一边放着自己的待遇,另一边放着别人的待遇,如果稍稍倾向自己这边,他可能会沾沾自喜;但是只要有一点点倾向别人,他们就会火冒三丈。如果引导得好,这类孩子会关注公平,此外他们还具有坚定的意志并且能言善辩,非常适合在司法部门工作。

不过,这类孩子也有一个缺点——搞不清楚自己内心的感受。他们对别人的厌恶非常敏感,但是却不愿意相信别人对他们能力的肯定和爱的程度,所以他们的心灵很敏感,很容易受伤害。

吉姆是个8岁的孩子,有一个姐姐和一个妹妹。他总是向父母抱怨自己得到的爱没有两个姐妹多。他的妈妈总是跟他解释:"吉姆,你想得太多了,没有那回事!""那为什么上次你给她们买漂亮的衣服却没有给我买呢?""那是因为她们的学校有派对,需要准备一件小礼服啊!"吉姆生气地把头扭向一边,他的妈妈心里很不是滋味,就说:"难道你忘了,上次我只给你一个人买了篮球?还有一次我们不是只带你去吃饭的?""那次你还带他们两个人去看电影而让我自己写作业呢?""那是因为你的作业太多了啊!"

无论妈妈怎样解释，吉姆始终能够找出反驳的理由，于是妈妈只好更频繁地满足吉姆的要求，同时妈妈也为忽略了其他孩子而愧疚。后来妈妈终于意识到，其实吉姆要的并不是礼物，而是确认自己在妈妈心里的地位。

吉姆就是一个辩论型的孩子。这类孩子总是觉得父母喜欢别人胜于自己，并且能够找到无数的论据来证明这一点。很奇怪的是，他们的记忆力也很好，似乎大脑中装满了证明自己不受欢迎的证据。

对于这类孩子，父母表达爱的方式不必非得是物质上的满足，当他们与你争论公平待遇的问题时，不要过多解释自己的做法，把孩子搂住，温柔地说："哦，宝贝，这一定让你很难过！"父母要做的是给予他们精神上的理解和支持。

其实父母可以与他们约定单独相处的时间，为了让他们有安全感，可以把具体的安排告诉他们，比如哪一天哪个时间段等。总之，要用行为告诉他们，想要获得父母的爱和关注是不需要吵闹和争论的。其实，辩论型的孩子最缺乏的就是安全感，父母要尽量多地抓住机会向他们表达自己的爱，哪怕只是一个关注的眼神或者是一个简单的亲昵动作，他都会觉得自己始终是深受父母疼爱的。

○ 一心求胜的竞争型小淘气

丘吉尔说过这样一句话："我会在厨房和你战斗，我会在浴室和你战斗,无论在什么地方,我都会和你战斗到底。"这就是竞争型小淘气的真实写照。

竞争型孩子拥有超强的斗志,他们生活的唯一目的就是"胜利"和"第一"。他们喜欢吹牛,夸大自己的成就,"第二"在他们眼里就是失败的代名词。如果他们与家长发生了冲突,那么家长永远不要指望他们能够认错或者中途离开,他们一定会与父母争吵到底,直到认为自己取得了胜利为止。

竞争型的孩子自尊心极强,怀着"宁为玉碎,不为瓦全"的信念,对他们来说"不胜利,毋宁死"。这类孩子成败看得过重,他们把不同意自己观点的人都看作是自己的敌人,不管这些人是父母还是朋友,只要触及他们的底线,就会翻脸不认人,会用尽一切办法把你打败。

当生活的目的只剩下"赢得胜利"的时候,竞争型孩子的生活会变得非常可怕。这时候即使他们能够赢得全世界,也会不可避免地陷入孤独的境地。而且向外界流露出自己软弱的一面对他们来说同样是一种失败,他们感到安全的方法就是无时无刻不让自己看起来是一个成功者。但是他们会把负面情绪放在心里,这样时间长了,他们的内心最终会被恐惧和自卑吞噬。当一个人的眼中只剩下输赢的时候,也恰恰是他面对失败最脆弱的时候。

竞争型孩子把输赢看得过重会给他们的生活带来几个方面的负面影响。首先,为了保持自己胜利者的形象,他们可能会放弃对新鲜事物的尝试来避免失败。一旦他们鼓起勇气去尝试了某种事物却没有取得成功，他们可能会走向极端——回避一切新鲜尝试。这显然对孩子的成长是很不利的。其次，因为他们认为自己是强者，所以在面对同龄人的时候，他们大多会采取一种居高临下的态度，这样很多人都会对他们敬而远之，然后只能孤独一人或者是永远没有稳定的友谊。最后，竞争型过于看重结果，他们会为了胜利不择手段。这对他们未来的影响是很可怕的，甚至有可能被人利用滑向犯罪的深渊。

对于父母来说，要想让竞争型孩子健康地长大成人，一定要帮助他们正确认识输赢，让他们能够勇敢地面对错误和失败，而不是一旦出现不符合自己期望的事情就情绪低落，独自饮痛。父母还要引导孩子学会表达自己的情绪，当自己失败、犯错误的时候如果感到很难过，要学会表达出来，并且愿意接受别人的安慰。父母还要告诉孩子如何与朋友相处，在与朋友交往时不要张扬跋扈，幸灾乐祸，帮助他们拥有固定而稳定的朋友圈子。竞争型的家长还要告诉孩子人各有所长。每个人都有自己的特色，这样社会才能正常运行。有些人可能只有一两项的特长，有些人的特长可能比较多。但是很多人能在一件事情上做得异常出色，关键不在于擅长事情的数量，而在于你知道如何发挥自己的长处。

○ 刺激至上的冒险型小淘气

故事一：

史蒂夫·艾尔文于1962年出生在澳大利亚墨尔本。父母在昆士兰州经营着一个动物园,他于1970年搬到了昆士兰州和父母一起住,1991正式接管了这家动物园,并且给动物园重新起了名字"澳大利亚动物园"。淘气的他从小就经常在动物园中捕鳄鱼,有时还故意把鳄鱼放出去。因为他可以徒手捕捉鳄鱼,于是又被称为"鳄鱼先生"。后来他成为全球知名的环保人士,还是澳大利亚著名的电视节目主持人。他曾经创作了50部纪录片,把大自然完全地呈现在观众面前;他参与了许多公益广告,对待工作严肃认真。2004年,他做了一次大胆的行动,抱着一个月大的儿子在澳大利亚动物园喂鳄鱼。他说:"不要再考虑了,我从不会伤害我的孩子,因为他们是我生命中最重要的部分,就像我的父母一样。"他认为自己这样做不会让儿子遭到危险。然而,2006年9月4日,"鳄鱼先生"史蒂夫·艾尔文在澳洲北部海域拍摄水底纪录片时,被带有剧毒的黄貂鱼尖锐的背鳍刺穿胸腔,带着他的工作永远离开了。

故事二:

那天是平安夜,很多人来逛超市。大家都忙着挑选礼物呢,忽然广播里传来了一个声音:"请哈利·布朗和莎莉文·安妮斯顿到失物招领处,你们的孩子在这里等。"然后我看见一个爸爸样子的人急匆匆地穿过人流把孩子领了回来。过了不久,还是这两个人的孩子又让爸爸妈妈去失物招领处领他。这次是妈妈去把他领回来的。我心想,这对父母也太不用心了,于是就多观察了一下。结果发现是他们的孩子太活泼了,四处乱跑。果然不一会儿，广播里又让这对夫妻去领孩子。

故事三：

那天下午，摩天轮忽然停止了转动。所有人都惊恐地看着高处，生怕出危险。摩天轮上的人也是一脸害怕的样子。这时候只有一个孩子离开了座位在半空中荡起了秋千……

三个故事的主角都是典型的冒险型，这样的人个个精力旺盛，渴望刺激。这类孩子的父母教育孩子的时候并不比从事极限运动轻松。全世界大约有 1/10 的孩子是这样的类型，他们既不在乎自己的安全，也不管别人的安危，总是不断地受伤和闯祸。不过父母完全不必自责，因为这并不是自己教导无方，而是因为孩子的天性要求他一刻也不能停止冒险。

冒险型追求的是极度亢奋的状态，他们最喜欢的就是挑战和刺激。想要辨认这些孩子并不难，因为他们身上总是青一块紫一块，布满伤痕。

冒险型所尝试的事情总是让平常人看起来心惊胆战，而且他们做这些事情的时候通常不会提前做计划或者通知其他人，总是随性而至。他们这样做看上去似乎是出于一颗善良的心，不想让别人为自己担忧。但是真实的情况是，他们不知道什么是害怕，所以觉得别人也不会为他们担惊受怕。

既然天性驱使着他们去冒险，那么父母是阻止不了的，你能做的就是帮助孩子寻找安全且有趣的冒险活动，比如漂流、登山、越野赛等。

○ 神秘敏感的消极型小淘气

先来看看下面两段对话:

妈妈:"孩子,你今天过得怎么样?"

孩子:"还行。"

妈妈:"有没有有趣的事情发生?"

孩子:"没有。"

妈妈:"晚饭想吃什么?"

孩子:"随便。"

老师:"你怎么没交作业呢?"

孩子:"作业?什么作业?没人告诉我有作业啊!"

看了这两段对话,相信很多人都会觉得这个孩子太闷了,一点个性都没有;两个大人一定被气得咬牙切齿,但是又没有办法发作,因为孩子没有做错事情。

这就是消极型的孩子。消极型的孩子给人的感觉是性格模糊、举止神秘,而且做事总是慢慢吞吞的。如果你与消极型的孩子开始一段对话,他大多会一脸茫然地看你一眼,然后消极地回答你所有的问题。

不论父母多么抓狂暴躁,他们总是一副气定神闲的样子,似乎没有什么能够让他们的情绪发生波动。一个消极型的孩子这样回忆自己的童年:"我觉得我的童年很快乐,但是我的父母似乎很痛苦。"这类孩子的"撒手锏"就是装傻扮可怜,无论做什么从来不主动,喜欢低着头,得过且过。他们最讨厌的事情就是打破常规。

消极型的孩子总是一副世外高人的样子，似乎没有什么事情能够引起他们的兴趣。无论发生什么事情，不管是发生在陌生人身上，还是在自己家，他总是一副旁观者的心态，不会对此表达自己的看法和感受。周围的一切似乎都与他们没有关系。他们不喜欢出去玩，比起和小朋友一起奔跑，他更喜欢一连几个小时都窝在房间里面看书或者玩电子游戏。

其实消极型的孩子虽然不喜欢发表自己的看法，但是他们并不笨，大多数消极型的孩子都很聪明和敏锐，善于观察和分析周围的环境。消极型的孩子喜欢逃避的原因是害怕失败，他们认为不丢面子的最好方法就是什么都不做。

消极型的孩子的培养重点是帮助他们打破神秘而孤独的行为模式，让他们能够开放地和别人交流。因为他们不喜欢户外活动，喜欢窝在家里，所以他们接触同龄人的机会很少，这样也不会有很多朋友，所以父母要帮助他们学会沟通，拥有几个可以毫无顾忌地敞开心扉的朋友。消极型的孩子在与别人合作的问题上也有很大的困难，所以父母可以让他从照顾家里的宠物开始学习怎样付出自己的感情。不过前提是不要给他们敷衍的机会，这类孩子听到父母的要求之后，通常会说："我一会儿就去。"然后就永远不会去做这件事，所以父母要反复催促他们，并及时给予表扬。如果你能让这些孩子走出自闭的话，等于是为他们的未来奠定了良好的基础。

第二节
专治淘气包：用对药才能见疗效

○ 操纵型：针锋相对，秘密调查都不可取

因为大多数操纵型的孩子都很善于在父母面前撒娇、装可爱，所以在面对操纵型的孩子的时候，父母首先要反省是不是自己对孩子的管教过于松懈了，另外还要关注他们与同龄人相处时候的表现。

很多父母对于操纵型的孩子的认识都会经历一个转变：首先他们不相信自己的孩子会存在这样的一面，父母会表现得难以接受。如果有别的家长告状的话，父母一定会反驳："你说的是别人家的孩子吧？"但是当自己亲眼看见孩子的表现之后，家长会感到震惊，紧接着就是羞愧。在教育这类孩子的时候，父母常常会进入一个误区，那就是因为担心孩子有事情瞒着自己于是就暗中调查孩子的一切或者偷窥孩子的隐私。其实这样是不可取的，因为家长的行为和孩子的行为并没有实质的区别，反而为孩子树立了一个"两面派"的榜样。

另外教育这类孩子也不适合采取针锋相对的方法。因为这类孩子首先会抵赖，然后再把责任推到父母身上，最后的结果必然是双方不欢而散。

那么教育操纵型的孩子的最好方法是什么呢？其实很简单，那就是密切地关注他。虽然说起来很简单，但是事实上需要父母付出很多的时间和精力。你可以对孩子说："孩子，妈妈今天陪着你！"不必担心孩子的反抗，你只需轻松应对孩子嘴上的抗议就可以。因为当你决定时刻监督操纵狂的时候，他们的心里反而会产生一种宽慰的感觉，终于有人愿意完全对他们负责了。当然家长也不要带着一副看管罪犯的面孔，而是自然地与孩子相处，轻柔地指出孩子的错误，这样他们的行为就会慢慢改变。

13岁的于明就是一个老练的操纵型的孩子。他的父母早就离婚了，他充分利用了父母之间沟通不顺畅的问题，完成了很多小偷小摸的行为。这一天深夜，正当他抱着一台笔记本电脑从别人家出来的时候被警察抓了个正着。父母和老师都不敢相信这是那个看起来很乖的孩子干的。最后父母和老师决定对他采取监督的办法。随后的几个星期中，无论他做什么事情都有大人陪着，不断地从旁指导他的行为和与人相处的技巧。于明开始也显得很不耐烦，但是过了不久就对这种时刻处于成人关注中的生活感到非常享受。

此外，操纵型孩子的父母还有一个非常重要的任务，那就是让孩子明白如何与别人相处，让他在从同伴那里索取的时候学会给予。让他们学会站在别人的角度去思考问题，这不仅是做人的基础，也是对这种类型孩子意志的考验。其实对于操纵型的孩子来说，他们往往拥有成为伟大领导者的潜质，父母可以让他们去选择自己的人生目标，在实现这个目标的过程中，父母要做的就是从旁引导孩子采取正确的竞争方法去取得成功，教会他们应对各种麻烦的方法。

○ 谈判型：避免"以恶制恶"，重点关注行动

前面我们提到，谈判型孩子的伶俐可爱总是让父母开心地哈哈大笑，但是回过神来才发现自己被孩子利用或者嘲弄了。这时候父母就会产生一种懊恼的心态，于是就想要与谈判型孩子一争高低，大有"道高一尺，魔高一丈"的架势，这些父母恶狠狠地想："我一定要让这个孩子尝到苦头，知道我也不是好惹的！"这是一种"以恶制恶"教育方式，对于谈判型的孩子来说这种方式是不可取的，因为当父母与孩子在语言上争个高低的时候，其实是与操纵型孩子的父母悄悄调查孩子犯了一样的错误，也是用自己的行为给孩子树立了一个反面的典型。

操纵型孩子受到批评教育的时候一般不会表现出听从父母的话的样子，更不要指望这样的孩子嘴里说出"妈妈，我错了""爸爸，我下次再也不敢了"这样的话。谈判型孩子最害怕别人看到他们乖乖就范的样子，所以他们最大的认错行为可能就是满不在乎地耸耸肩膀、翻个白眼或者对父母说出一句玩笑话，永远不要指望他们会做出更多的反应。

但是这并不代表他们从不听从父母的建议，实际上，他们只是口头上不能服输，但是在行动上会有所改变。所以教育谈判型孩子之后要关注他的行动是不是有所改变，而不是为了孩子的一

句话气得发疯。

珍妮特是个典型的谈判型孩子,她机智敏锐,简直就是一个特工。她经常把父母耍得团团转。不过最让她父母头疼的是,她竟然学会了逃学,而且能够在老师的眼皮底下逃回家玩上几个小时电脑再回去。父母苦口婆心地教育她,让她承诺再也不会逃学。开始的一段时间里,珍妮特的确会有所收敛,但是维持不了多长时间,她就会再次出现逃学的情况。

父母没有办法,只好带着孩子去求助心理医生。心理医生和珍妮特单独相处的时候,问她:"你是不是故意在惹父母生气?"珍妮特抬起头,眼角闪过一丝狡猾的笑。随后心理医生给她的父母开了处方:停止要求珍妮特做出承诺,只看她的行动。另外,如果再出现逃学就要对她进行惩罚,比如不让玩电脑等。

她的父母严格执行了这个"政策",珍妮特也发现父母不再和自己讲道理了,而是二话不说就开始惩罚,她知道自己的狡辩没有用了。激烈反抗了几次之后,珍妮特开始乖乖地去上学了。

谈判型孩子一般都很可爱,可是父母在教育孩子的时候一定要板起面孔,心里告诉自己:"这不是表达疼爱的时候。"否则你一旦露出心软的迹象,孩子马上就会抓住并且利用它来达到自己的目的。谈判型孩子总是觉得自己十分独特,而这种独特可以让自己不必遵守规矩。父母一定要告诉他们:"每个孩子都是独特的,但是规矩对每个人都适用。"

教育操纵型孩子的时候,最重要的一点就是设定底线。他们一旦逾越这个底线，就一定要想办法让他们铭记这个教训，绝对不能心慈手软。但是这个前提是一定要让孩子明确你的底线，并且告诉他没有商量的余地。

教育谈判型孩子的时候还要注意要找私人场所。因为观众越多，他们就越喜欢与别人争论，而谈判狂最擅长的就是争论，所以教育他们的时候要找个没人的地方。

另外，谈判型孩子其实很好取悦，因为很多这种类型的孩子也是物质型孩子，只要给他们一点小小的奖励，他们很快就会"缴械投降"，这比很多无谓的说教都管用。

○ 辩论型：解释自己的行为没必要，孩子只是需要关注

辩论型的孩子无论是成年还是幼年都是在群体中很受人瞩目的角色，因为他总是精力充沛，而且因为时刻关注公平，所以也会让周围的人不得安宁。

当孩子跟父母抱怨自己受到了不公平待遇的时候，父母常常会为自己的行为进行辩解，试图告诉孩子他的抱怨是没有理由的。虽然人人都希望别人了解自己是公平公正的，但是父母跟辩论型孩子解释的时候却是白费唇舌。辩论狂通常能言善辩，如果你想知道和辩论型孩子争论的场面，那么就可以打开电脑搜索一下西方国家议会争论时候的场面，没有任何一个政客会对自己的反对党说："你说得对，我支持你！"没错，辩论狂就是这样一个政客，你的解释对他来说一点价值都没有，甚至还有可能成为你

有失公平的证据,你的解释在辩论型孩子眼里就是掩饰,这些解释会让他们感到自己受到的伤害更大。

而父母发现自己无论怎样解释都不能说服孩子的时候,往往会情绪激动甚至崩溃,这只能导致两种结果:一种是父母开始有意疏远孩子,减少与孩子相处的时间以减少争执;另外一种就是给孩子更多的解释。时间长了,父母和孩子会觉得对方永远不能理解自己,最终双方感情会日趋冷淡。

其实归根到底,这类孩子关注公平的原因只是希望能够衡量自己是否得到了和别人一样多的爱,换句话说,他们只是希望引起父母的关注。所以当孩子抱怨的时候,大可不必与孩子争论到底,只需要拉过孩子,拍拍他的脑袋,然后说:"我知道你的这种感受,你如果感到难过的话就抱抱妈妈吧!"

让这类孩子感到自己得到关注的最好办法就是与他们单独相处,父母可以和孩子约定一个时间,在这个时间里,只是一家人在一起说说话,聊聊天,绝对不受外人的打扰。如果谈判型孩子只跟父母中的一个不断要求公平待遇的话,那么这个家长同样可以和孩子约定一个时间,比如每周一次,只和孩子待在一起。当然这也需要另外一个家长的支持。当辩论型孩子获得了这样的特权,他们就会发现原来自己没有必要通过吵吵闹闹去赢得关注。

不过要彻底改变孩子没有安全感的现象还需要一段时间,并且需要父母花费精力,时刻把这件事情放在心上。只要一有机会,就要向孩子表达自己的爱,可以是表扬,也可以是和孩子一起玩游戏,读书等。

另外辩论型孩子因为时刻关注公平,所以他们在幼儿园可能很容易与其他的小朋友发生争执。所以父母还要帮助孩子学会如何与其他人相处。父母可以与老师做充分的沟通,把孩子的个性跟老师交代清楚。当孩子指责或者怪罪别人的时候,可以让老师充满同情地拥抱一下孩子,然后说:"我知道你很伤心才说出这样的话,让我来给你一个拥抱安慰你一下!"时间长了,孩子总是能够感觉到自己同样被老师爱着,就不会总是那样苛责别人了。

○ 竞争型:不要争执或乞求,禁止拿别人做比较

教育竞争型孩子的时候,父母首先要知道的是:威胁对他们毫无作用。这类孩子最不喜欢受人指挥,会对任何事情都据理力争,对任何事情都表现出不在乎,因为他们受不了颜面扫地,最害怕失败。

父母要避免和竞争型的孩子发生争执,因为这次争执从一开始就注定了家长失败的结局。如果你对孩子说:"你要再这样,我就把你关在家里,不让你出门!"他们的回答通常是:"我不在乎,爱关就关,我刚好不想出门呢!"如果你说:"我不给你零花钱了!"他们会毫不示弱地回答:"不给就不给,反正我也不需要用钱!"总之,无论你想出什么样的威胁,他们都会表现出很不在乎的样子。

此时,有些父母可能就会采取另一种方式,哀求这些孩子:"你要你听话,我就可以让你出门!"但是最好还是放弃这种方

法吧。因为竞争狂最讨厌别人指挥他,即使你低声下气地去哀求,他也不会改变主意。

所以,父母可以开动脑筋想出另一种方法来"刺激"孩子的斗志,记住:一定不要直接命令。你可以试试这样说:"几乎没人能相信你愿意……""有人说你不可能坚持做好那件事……""没有人会相信你这么小就能……"

另外与这种类型的孩子沟通的时候,一定要避免把他与别的孩子做比较,而是应该让他们对自己的前后表现做出评价。比如,"如果让你给自己的写作能力打分的话,半年前和现在分别是几分呢?"

竞争型孩子有可能为因为害怕失败而回避一切自己不擅长的东西,这时候父母应该教他们学会面对偶尔的失败。他们对压力更为敏感,同样的事情在成人眼里可能算不了什么,但是对他们来说却像是天塌下来了一样。当他们压力过大的时候,自己的表现往往不如平时或者没有达到自己所期待的理想状态,他们就会很沮丧,觉得自己是个没用的人,所以父母要确保孩子不会把某一次的失败变成对自己无能的证明。

竞争型孩子喜欢享受胜利的滋味,但是他们也会出现不按套路出牌,不择手段谋求成功的事情。因此竞争型孩子的父母可以让他们参加一些不分胜负的活动,比如即兴表演、玩飞盘、放风筝等。家长还要告诉孩子要正大光明地取得胜利,不要自吹自擂,说大话。

竞争型孩子很有责任感,但是却不喜欢合作,而与别人合作的能力是未来世界不可缺少的。所以父母可以引导他们通过合作来取得成功,在家里可以把一些协助别人的任务交给他们来完成,也可以让他们参加一些志愿者活动,并用他人的肯定来强化他合作的意识。

○ 冒险型:避免战战兢兢,事先提出条件让孩子遵守

冒险型孩子的天性和所从事的活动让这些孩子的父母总是对他们的安全充满担忧,同时还要时时承受着其他的父母拉着孩子来告状的压力。

面对孩子的种种冒险行为,忧虑和暴怒是最常见的情绪。如果可以,冒险型孩子的父母真想在孩子的头上撑起一把保护伞,让他们远离危险。但是冒险型孩子的天性决定了他们必须先体验人生,然后才会总结经验教训,知道哪些事情可以做,哪些事情不能做。值得注意的是,冒险型孩子并不是只有男孩,也有很多女孩是冒险型孩子,虽然这些女孩不太会去从事危险的运动,但是她们的本性会体现在其他方面,比如社会交往方面的冒险,她们可能会在朋友的唆使下抽烟喝酒,也可能头脑一热就去见远方的网友。冒险型孩子的表现有很多形式,不要以为只有喜欢危险运动的孩子才是冒险狂。

每当冒险型孩子闯祸受到教育之后,他们的反应通常是这样的:"有什么好担心的呢?""我一个人晚上走回家能出什么事

呢?""下次我就知道了,在落地的时候要打个滚。"不可否认,冒险型孩子都是乐观主义的人,这种乐观总是让他们对自己产生错误的评价,一般是高估自己的能力。

但是父母强行阻止孩子的冒险行为是行不通的,所以你要为孩子准备一些安全的冒险行动——露营、蹦极等。

冒险型孩子的情绪波动很大,所以父母要努力为孩子营造一个平静温馨的家庭氛围。在这样的气氛中,孩子过于冲动的毛病就可以得到一定程度的缓解。冒险型孩子做事通常是随性而至,所以他们没有时间三思而后行,也分不清事情的轻重缓急,所以家长跟他们约定,无论要去做什么,都要和爸爸妈妈打招呼。当孩子和你打过招呼之后,你要用提问的方式帮助孩子做计划:"你去了要先做什么呢?""然后呢?""最后呢?""如果……你要怎么办?"通过这样的对话,你不仅可以对孩子的行为危险程度有个大致的了解,同时这也有助于孩子对他们可能遇到的危险有准备。

我们前面提到过,孩子的冒险行为是多种多样的,所以不仅要警惕身体上可能受到的伤害,还要帮助他们远离一些不好的影响。当孩子进入青春期之后,他们很容易产生烦闷的感觉,而抽烟喝酒就是一种消除烦闷的手段。很多孩子第一次抽烟都是在初中的时候,他们比成年人更容易上瘾,尤其在看到同龄人抽烟之后,他们内心的冒险因子就会开始活动,进而效仿其他人。

如果家长引导得好,能够让孩子逐渐学会保护自己,并且能够对可能出现的危险进行预估和判断,学会计划,这些孩子很容易在具有冒险精神的事业中取得成功，比如消防员、急救室医生、警察、杂技演员等。

○ 消极型：不要做孩子的激励导师，让他去承担责任

消极型孩子的座右铭就是"多一事不如少一事"，所以他们对大多数事情都采取冷处理的方式，很少会对某件事情产生反应或者兴致。如果你就某一件事情去征求消极型孩子的意见，你得到的答案十有八九会是"什么？你再说一遍""哦，知道了""随便吧""好像是"等敷衍的词。

如果你的孩子具有上面这些特点，首先要恭喜你得到了一个拥有巨大潜力的孩子。但是如何能把他们的潜力发挥出来呢？首先你要避免追问、哀求或者寄希望于孩子突然改变，也不要试图做孩子的情感激励师，每天都热情洋溢地出现在孩子面前强迫他兴奋起来，这样只会让孩子更愿意躲进自己的世界不想出来。

很多孩子都会经历这样一个"倒退"阶段，在这个阶段，他们不愿意继续长大，而是希望回到小时候。当孩子出现这种心态的时候，大多数会重新找出自己多年不玩的玩具，每天玩得不亦乐乎。很多家长看到这种情况都会很担忧，以为孩子受了什么刺激。其实孩子只是想通过这些玩具来找回自己小时候的回忆和感受而已。

消极型孩子可以看成是这种怀旧的孩子中很特殊的一群，他们喜欢躲在自己的世界里不与外界发生联系，只想像小时候一样静静做自己的事情就好。家长们通过规劝和诱导的方式并不会改

变孩子的心态,所以也不会产生什么效果。

那么怎么让消极型孩子走出自己的小世界呢?

家长可以先试着和孩子培养感情。在这段时间里,家长不要哀求孩子,不要总是激励孩子,尽量保持冷静。对孩子有意见要直截了当地提出来,同时对孩子说:"如果你有什么要求或者意见,也可以说。"此外,要明确告诉孩子,不要用手势或者身体活动来代替语言的回答,"不知道""随便"等敷衍的回答也是不被接受的。在与孩子培养感情的时间里,家长要避免向孩子施加压力,另一方面要增加和孩子在一起的时间,让孩子从心里知道,无论如何都不能回避和家人的交流。

一位家长为了让孩子与家人进行接触和交流做出了巨大的努力:

我的女儿总是说自己很累,作业很多,所以不愿意下楼和我们一起吃饭。开始我也就由着她了。但是一个月过去了,全家人一起吃顿晚餐都已经成了奢望。我很生气,我决定要改变这种情况。于是我对女儿说:"你要是不愿意下来与我们一起吃饭,那么我们就到你房间陪你吃。"结果一连一个月我们都去她的房间吃饭,然后把碗筷留在那里。终于她再也受不了了,同意下楼吃饭。这是让她跟我们接触的第一步,下一步我要想办法让她开口说话。

其实要帮助孩子走出自己的世界,父母还可以试试让孩子承担一定的责任。虽然他们不喜欢承担责任,但是如果接受了任务,他们一定会尽心尽力地完成。可以让他们照顾宠物或者弟弟妹妹,通过照顾别人,他们不仅会提高自信,而且会提高沟通能力。

第三节
扭转局面：让淘气的孩子服气

○ 扭转不良情绪，你需要八个武器

想要改变孩子的心理首先要关注孩子的情绪，下面介绍8个可以帮助小小淘气包们拥有良好情绪的有力武器：

1. 保证小淘气们拥有良好的睡眠

足够的睡眠时间对孩子来说具有非常重要的意义。它不仅可以帮助孩子恢复体力，而且可以强化孩子的记忆，提高学习效率。

但是遗憾的是生活中很多孩子的睡眠时间不够长。除了课业压力之外，还有一个原因就是孩子们总是很容易感到兴奋，在夜晚很难入睡。为了保证他们的睡眠，父母最好不要在孩子的房间放置手机、电脑、电视等能够引起孩子兴奋的电子产品。强烈的灯光也会影响孩子睡眠，所以在孩子准备睡觉的时候，应该用一盏光线柔和的台灯来代替刺眼的日光灯。如果孩子晚间的睡眠无法保证的话，最好在白天睡个午觉。

2. 多带孩子晒晒太阳，享受自然光线

光线对孩子情绪的影响力远远超出我们的想象。我们已经知

道，在日光灯下孩子会很烦躁，很难入睡。所以为了保证孩子处于情绪平和稳定的状态，家里最好采用自然光或者台灯。

有一项研究表明，人们在冬季患上抑郁症的可能性比其他季节要高，出现这种现象的原因就是冬季大家都减少了出门的次数。这也从一个侧面证明了光线对于情绪的影响。所以家长可以经常带着孩子走进大自然，充分地享受日光浴。

3. 饮食也可以改变心情

我们听到过很多这样的说法："我心情不好的时候就喜欢买很多零食来吃，吃完之后我就会觉得心情很放松。"从这里我们可以看到饮食对于人们的情绪的确是有影响的。当然我们并不是鼓励孩子们在心情不好的时候暴饮暴食，而是提醒家长，当孩子情绪低落的时候，不妨试试"饮食疗法"。

4. 用走动打破僵局

我们的身体是有记忆功能的，特定的姿势和动作会激活特定的记忆。比如昂首挺胸地走路总是会让人斗志昂扬，而弯腰驼背的姿势则更容易把人拉回愤怒或者烦恼的记忆中。走动可以帮助孩子改变心情，当孩子与你的谈话陷入僵局的时候，不妨对他说："我要去厨房拿些零食，跟我一起来吧，我们可以继续刚才的话题。"与孩子边走边聊并不能解决实际问题，但是它能够转换孩子的心情从而让双方变得容易沟通。

5. 用音乐帮助孩子改善心情

青少年大多数喜欢听音乐,这不是没有原因的。因为音乐的确能影响人的心情和大脑功能。研究表明,听莫扎特的音乐可以开发智力,很多舒缓的音乐也能够帮助人们放松自己紧张的神经。如果孩子喜欢,也可以让他们学习一种乐器,演奏乐器可以帮助那些内向的孩子发泄自己的不良情绪,当然也可以表现他们的开心和快乐。

6. 适量观看电视

电视也可以帮助人们改变情绪,这一点毋庸置疑,因为看电视的时候人是被动接受外来信息的,他会把自己全部的思绪放在电视上,没有时间去想让自己情绪低落的事情。但是电视并不能从根本上改变孩子的想法,只能暂时转移孩子的注意力,所以不要指望电视能够帮助家长解决问题,它只是能暂时稳住孩子的情绪。

7. 适当地玩电脑游戏

很多家长总是控诉自己的孩子无论干什么都提不起精神,但是只要坐到电脑前面玩起游戏,马上就变得聚精会神、神采飞扬。这一方面体现了电脑游戏对于孩子的强大吸引力,但也证明了这种游戏可以帮助孩子改变心情。不过,它和电视一样起到的作用也是暂时的。

8. 用自己的乐观影响孩子

如果你想更有效地运用这些武器帮助孩子，自己首先要给孩子树立一个好的榜样，睡好、吃好，对一切都用乐观向上的心态去观察和理解。家长请记住："身教重于言传。"

○ 让淘气包转变的五部曲

了解了淘气包的类型和他们各自的软肋和教育重点之后，家长们要做的就是帮助孩子扬长避短，改变孩子的思维模式，让他们能够更好地适应未来社会。其实让孩子改变并没有我们想象得那样困难，只需要5个步骤。

1. 停止你目前的做法

开始的时候，这些淘气包发起脾气来可能会让你感到措手不及，"不知道为什么，他就忽然发起火来了""事前没有一点迹象，一眨眼他就气得跑出门了"。但是如果你能稳定自己的情绪，暂时退后，冷静观察他们的行为，很快你就会清楚地知道他们发脾气也是习惯性的，做的"坏事"也是重复性的，你甚至可以了解他们每次发脾气的愤怒程度、生气时候的郁闷程度会有区别，但是模式一定是一样的。

掌握了这一点之后，你就要开始停止自己目前的做法了。怎么做呢？很简单，放手，什么都不做。当然你的突然放手可能会让孩子变本加厉，不过他们只是不适应你的变化，希望你能像平时一样冲他们大吼大叫。当你放手一段时间之后,孩子就会很奇怪,他会觉得一定有大事要发生了。所以他会暂时停止自己的做法,观察你的动态。

2. 培养顽童的归属感

当孩子暂停自己的做法之后,你就可以不动声色地开始第二步——培养他们的归属感。归属感是产生抗压能力的基础,也可以抚平孩子内心的恐惧感。归属感的形成可以帮助孩子更好地适应社会,学会如何与别人交往。要培养归属感,首先你需要确定孩子的淘气类型,然后明确孩子所需要的归属感是什么样的。可以通过和孩子一起做些事情来帮助孩子建立归属感,比如一起做饭、一起运动,等等。

3. 培养顽童的合作习惯

淘气包的父母总是很头疼,因为家里时时刻刻充满火药味,总是让人感觉压抑。孩子觉得父母不理解自己,父母觉得孩子无理取闹,不可理喻,所以导致双方互相回避,最终争执、分歧毁掉了你们的感情。那么如何让孩子慢慢地转变,愿意与父母合作呢?很多家长不敢对自己的淘气包提出过多要求,因为多数会遭到拒绝。从现在开始试着改变,先让孩子帮助自己做些小事情,比如拿报纸、买东西等。父母要做好两种心理准备,被拒绝的准备和自己也要为孩子提供更多帮助的准备。而且父母在同意帮助孩子的时候要毫不犹豫,这其实是对孩子最好的教育。

4. 开创新局面

首先你要确定自己要达成的目标是什么，最好写下来。每次改变只设定一个目标，而且要用积极的字词去描述这些目标。比如不要写"我要改变孩子逃课的毛病"，而是写成"我要让他成为好学生"。在这个阶段，父母要对自己的孩子有充分的了解，正所谓"知己知彼，百战百胜"，你要知道自己在实现这个目标的过程中，哪个阶段会很轻松，哪个阶段会遇到孩子激烈地反抗。

5. 保持新局面

古往今来，父母控制孩子的武器就是威慑、贿赂和转移注意力。不过这些并不适于现在的家庭教育。现在的父母要学会用称赞、养成习惯和鼓励等积极的方式来保持孩子的优秀表现。父母可以给孩子准备一个本子，上面只记录孩子每天表现好、值得称赞的事情。时间长了，孩子就会在不知不觉中养成良好的习惯。习惯成自然之后，家长就可以设立新的改造目标了。

○ 巩固转变成果，养成良好习惯

上一节中我们提到，要保持自己的开创的新局面，就要把孩子的进步内化为他的习惯，因为只有这样，他的这个进步才能变成他自己的性格特质。

家长对于淘气包的影响是不可忽视的，很多淘气包长大成人之后身上都体现着自己家庭的传统和习惯。所以，我们下面要告诉父母如何运用自己的影响力去帮助孩子改变思维模式，让经过改造后的行为能够长久地延续下去。"思想决定行动"，想要长久地保持行为，就必须让孩子从内而外地彻底改变。

1. 与孩子一起战胜焦虑

其实很多淘气包的行为都是来源于焦虑，如果能切断焦虑的根源，那么孩子形成良好习惯的时间会大大缩短。在今天的社会中，孩子们大多数时间都是在室内度过的，他们习惯于用电子产品进行交流，可以同时做很多事情，不仅父母不知道他们在做什么，很多时候他们自己也不知道。现在的孩子正处在一个信息大爆炸的时代，生活速度不断加快，世界的不确定性在他们身上留下了深刻的印记，而他们也因此变得更加敏感，表面的暴躁常常是对内在空虚的掩饰：操纵狂为了安全感不断讨好大人；竞争狂为了安全感不惜一切赢得胜利……那么怎么才能帮助孩子战胜焦虑呢？家庭能给孩子带来最初的安全感，所以父母要培养孩子的归属感，并且在孩子小的时候与他们建立起良好的依恋关系。

2. 维持健康的情感

在有一个淘气包的家庭中，愤怒、冲突、尖叫是生活中必不可少的色彩。一个不懂得控制怒气的人一定会失去所有的朋友，所以要帮助孩子学会控制情绪。可以在孩子情绪很好的时候与他们约定情绪失控的时候可以采取的措施。当孩子情绪崩溃的时候,父母不妨后退一步,给孩子一个自己的空间去梳理自己的情绪。很多父母看到孩子心情平静之后就会马上过去教育孩子,其实这也是不可取的。当孩子刚刚平复了心情的时候,父母最好的做法是走过去,抱抱他,陪着他静静坐一会儿,让他感受到父母的支持和爱。

3.用鼓励帮助孩子形成"海豚思维"

所谓"海豚思维"就是会带来积极结果的正面想法;与之相对的是"鲨鱼思维",这是一种能够吞噬你的自信心的负面想法。如果你的孩子思考问题总是喜欢从负面出发,那么就要培养他们形成"海豚思维"。家长要善于发现孩子身上的闪光点,然后经常与他们谈论相关的话题,这样孩子就会忽然意识到原来自己还有这样的特长。关系融洽的家庭中总是充满了家人之间的互相夸奖,肯定对方的努力,连空气中都充满了乐观向上的味道。当然你也可以在孩子取得成功之后询问细节,这样也能够帮助孩子学会自我肯定,进而巩固已经出现的良好习惯。

第三章 孩子厌学有原因，由「心」治疗学习困难症

第一节
谁扼杀了孩子的学习兴趣

○ 好奇心是学习的催化剂，兴趣是最好的老师

1665年的一天，牛顿正在自家后院的一颗苹果树下思考着行星绕日运动的原因，正当他苦思冥想不得其解的时候，一颗苹果从树上掉了下来并落在了他的脚边。这次苹果掉落的瞬间启发了牛顿，后来，他发现了闻名于世的"万有引力"定律。

这一对后世影响深远的物理定律，源于一件毫不起眼的小事——牛顿对掉落在地上的苹果产生了兴趣。

兴趣对于孩子具有巨大的推动力，一旦兴趣被激发，孩子就会主动去发现和认识新的事物。孩子天生对新鲜的事物总是会抱有强烈的好奇心，他们想认识这个世界，于是就产生了强烈的求知欲和好奇心。一旦求知欲和好奇心得到满足，他们就会感受到精神上的快乐，就像少年诺贝尔在实验中发现炸药的配方之时，大声叫出"我找到了"时，所感受到的快乐足以让他完全忘记了频繁的实验所带来的劳累与艰辛。

心理学家研究发现，兴趣是人们积极探索某一件事物所表现出的意识倾向，而兴趣和人们的情绪又有着最为直接的联系。兴趣一旦被激发，人们就会愉快而又紧张地主动去探求未知，这也

正是推动人类去探索未知世界、带动科学发展和社会进步的主要力量。

在孩子成长的过程中，兴趣所扮演的角色十分重要，不同的兴趣直接影响到孩子对于学习的态度、方向和未来的选择。但是，从产生兴趣到因为这个兴趣而有所作为的这段时间里，孩子的表现是极为不稳定的，因为周围能让他好奇的事物太多了，这就会令他不知如何选择，选择之后也可能会因为新出现的事物而放弃，见异思迁。这个时候，妈妈就要从旁协助，引导孩子不断激发自己的兴趣，在学习和生活中提高自己。

艾伦十分喜欢爸爸送给他的玩具，尤其喜欢他五岁生日时爸爸送给他的汽车模型，经常没事就拿在手里玩。

有一天，他突然想看看自己喜爱的玩具到底是怎么构成的，兴趣一来就立马动手去做，结果把汽车模型拆开之后就安装不回去了。零件散落在周围，到处都是。

这个时候艾伦妈妈进屋里来，看到这个场景很生气，"你怎么能这么对待爸爸送给你的礼物，如果被爸爸看到了该多么生气！"艾伦很害怕，也不敢对爸爸说这件事。

谁知晚上爸爸还是知道，但是他没有像妈妈一样，只是把儿子叫道身边来，说："来，跟爸爸一起把模型安装回去好吗？"艾伦点了点头，和爸爸一起动手安装起来，第二天，家里最显眼的地方，正放着那辆艾伦最爱的汽车模型。

艾伦拆开了模型，说明他对这件模型的构成产生了兴趣。父母不同的态度对艾伦产生了不同的影响，妈妈一味地批评让艾伦感到害怕，这从某一个程度上来说就等同于扼杀了他的兴趣，阻止了他探索的欲望。艾伦的爸爸发现了这一点，鼓励他去分析，循循善诱，这就促进了他的求知欲望，鼓励他发出行动，并从中获得新知。

孩子的兴趣通常分为三个阶段：一开始，孩子被新鲜事物所吸引，比如听到一首欢快的歌曲、看到一幅颜色鲜艳的图画，他就会觉得有趣，感到好奇，这个时候的妈妈就要有足够的耐心去引导，让孩子兴趣的种子得以萌芽。然后，孩子会觉得有趣，会想去了解这件事物的起因、发展和结果，这个时候原本的有趣就变成了乐趣，具有一定的时间性和稳定性，妈妈要在孩子问问题的时候细心解答，让他的好奇心得到满足。最后，孩子拥有了广泛的兴趣，而且形成了自己独有的爱好，这时，妈妈就要尊重孩子的兴趣，引导孩子朝更积极的方向发展。

此外，如果孩子不愿意做某件事的话，妈妈也不可把自己的意志强加于孩子身上，凡事以孩子的兴趣出发。比如，孩子在一个科目上缺乏兴趣和足够的心理准备，如果妈妈硬要孩子学习，那么孩子就容易产生厌烦和逃避情绪。所以，在孩子学习新事物的时候，妈妈须注意孩子是不是真的有兴趣以及在心理上做足了准备。

对于孩子来说，没有比兴趣更好的老师。因此，只要妈妈能够给孩子一个良好的、宽松的、利于激发兴趣的环境，在孩子对事物有兴趣的时候循循善诱，让孩子的兴趣往积极的方向发展，孩子就能学有所得，拥有健全的心智。

○ 教孩子识字越早越好吗

"不要让孩子输在起跑线上"这句话在很多父母心里引起了共鸣，许多早期教育班和学校在社会发展越来越快的同时如雨后春笋般冒了出来，以为孩子越早接触学习对孩子越好，三四岁的孩子每天背着小书包去接受各种早期教育的例子也是屡见不鲜。

汉字作为象形文字，具备了便于让孩子学习的先决条件。同时，也有许多家长认为，孩子越早开始识字，将来智力水平越高。因此，这些家长往往在孩子只有一两岁的时候就开始对其进行识字教育了，如买幼儿图书在睡前给孩子讲解，将识字卡片贴在家中的物品上随时复习，看电视、逛街时也抓住一切机会教孩子认广告、招牌上的文字，等等。父母过于注重孩子的智力教育，却忽视了孩子在这一时期大脑发育的必经过程。

想让孩子在学习上取得进步，就必须遵循孩子大脑的发育过程，不能违背自然规律。研究表明，孩子的大脑发育可以真正达到学习知识的水平是在6岁之后，语言和数学方面的学习最好也应该在6岁以后。在3~6岁的这段时期，是孩子最有想象力的时候，天马行空的想象力在这段时间得以最大的体现，对世界的认识也有自己的一套独特的方法，孩子的创造性思维也得到显现。如果父母操之过急，就会破坏孩子自己形成的体系，使孩子的创造性思维在发展的道路上受到阻碍，甚至会有损孩子的身体健康。

6岁的豆豆从小就喜欢看天气预报，每当城市的名字出现在屏幕上时，爸爸妈妈就念给他听。他就这样开始识字了，而且还学会了看地图，普通话也说得特别标准。如今，豆豆已经能读报纸了，而且对自然科学知识也很感兴趣。但是，由于看书、看电视过多，豆豆患上了近视眼，并伴随斜视。医生指出，孩子从小长期做精细视觉活动，虽然从中学到不少东西，使脑部潜能得到发挥，却直接损伤了孩子的视力。

苏联教育家马卡连柯说过："教育的基础主要是在5岁以前奠定，它占整个教育过程的90%，在这之后教育还要继续进行，人进一步成长、开花、结果，而精心培育的花朵在5岁以前就已绽蕾。"孩子能不能识字，取决于孩子是否具备了学习汉字的心理机制，也取决于成人所采用的方法是否符合孩子的学习规律。

0~6岁这段时间是孩子从抽象到具体，由理性到感性的一个过程。这个时候的孩子需要同时发展很多能力，比如情绪、运动、审美等，这些对于孩子的成长是很重要的，如果过早地注意某一个方面的培养，就会让其他方面能力的发展受到损害。把识字当作一个任务让孩子去接受，就会破坏孩子自主学习的能力，把识字的观念以先入为主的方式注入孩子的想法里，那么孩子在看到一副有图画也有文字的页面的时候,最先注意的就是文字,而削弱了图画的观赏能力。

孩子们的大脑发育速度有快有慢,每个孩子在一定阶段所具备的学习能力是不一样的。不同的孩子的性格特点以及特长都不同,大脑发育有快有慢,智力开发存在差异也是正常的。因此,妈妈完全没有必要看到自己的孩子某种能力的发展不如同龄的孩子就开始不安,开始抓住孩子给他恶补。妈妈应当学会针对自己孩子的特点用对教育方法,不能因为其他孩子做到什么事就让自己的孩子也去做,这样很有可能会适得其反,因为很多孩子本身还学不会,但是为了取悦家长就去死记硬背,这样一来不仅不能学习到文字,反而把其他方面的能力也削弱了,一旦打破孩子正常发展的规律,孩子自主发展和认知的能力也随之下降。

而且,如果在大脑还没有充分发育的情况下强行把那些抽象的知识灌输给孩子,会导致孩子的社会性和情绪发育的迟缓。近年来,因为过早的教育导致孩子的社会性和情绪发展异常而前往医院看病的孩子正在逐渐增多,所以早期教育必须慎重而行。

孩子在早期发展的阶段,父母要做的不是让孩子过早地接触超过他们能力范围的事物,而是让孩子顺其自然地用自己的方式来认识这个世界。有的时候,家长在孩子幼年时期教一百遍也教不会的东西,在孩子的大脑发育完全的时候一遍就可以学会了。如果用学习的放松让孩子识字,那就会剥夺孩子的创造性思维得到锻炼的机会。不如让孩子在不经意间对这件事产生兴趣，激发孩子的兴趣和求知欲，然后用鼓励的方式告诉他想知道的。

总而言之，识字和其他各种学习在孩子上学之后再进行也不晚。妈妈对于孩子学习千万不要抱着越早越好的态度，有的孩子在上学之前并没有进行其他的学习，但是比有过早期教育的孩子更加热爱学习，学习效率也更高。在学前的这段时期里，妈妈不妨和孩子之间多多娱乐，给孩子一个放松快乐的童年，开发他的各种创造力，为以后上学做充足的准备，培养起孩子一整套独立的对外部世界的思维方法。

○ 孩子厌学，妈妈怎么办

在生活中，每个人的发展都并非一帆风顺的，孩子和大人一样，也会遇到各种各样的挫折与失败，厌学问题就是其中之一。孩子厌学，其实就是对学习产生厌倦甚至厌恶的情绪，从而面对学习时会有逃避的心态。厌学是消极的心理态度导致，对于孩子的学习和成绩都有负面影响，有的时候甚至会影响到孩子的身心健康。

星星上初三了，再过几个月就是中考，因此星星的爸爸妈妈对于星星的学习抓得比以前紧。每天都会问问星星的学习怎么样了之类的话，可是慢慢的，星星妈妈发现孩子越来越不爱学习了，以前放学回家跟父母说几句话就会进屋学习，最近却连作业都不做了。

星星的妈妈为此很着急,但是一看星星,面对成绩下降不仅没有抓紧,反而优哉游哉起来。每次问他的学习也只是被他含糊敷衍过去。一问他做了作业没,他马上窜回屋子里去不吭声,爸妈怕影响他的情绪也不敢多问,后来只要有关学习的事孩子都不回答了。

后来事情每况愈下,星星不仅不学习,连学校都不想再去了。

很明显,星星产生了厌学情绪。孩子不会无缘无故讨厌一件事物,一定有他的理由。当孩子表现出明显的厌恶情绪时,就代表他遇到了麻烦,而这个麻烦的内容也是特定的。上例中星星是因为学习紧张所以反感,那么家长就要找出事情的根本原因来。

孩子厌学其实和孩子的智力没多大关系,多数情况下是源于对周围环境的反应。

首先,身为父母,难免会对孩子提出许许多多的期望,独生子女父母的期望往往会更高。过高的期望值让孩子望而生畏,当孩子对这些期望无法承担时,就会对自己的能力产生怀疑,失去信心,进而厌学,甚至弃学。"你不好好学习,将来就找不到工作""不学习的孩子不是好孩子",听到这些话,孩子不会为了获得知识而感到快乐,而会想学习只是为了工作为了利益,那么就会觉得学习没有意思,学习在孩子心里也成了家长的负担。

其次,学校是孩子学习的地方,是除了家以外停留的最久的地方,孩子与同学、老师的关系是否处理得当也会对学习产生影响。如果一个孩子性格开朗活泼，和同学关系好，老师喜欢他，那么这个孩子产生厌学心理的概率就会比较小。如果一个孩子性格内向，总是孤独一个人，常常被老师忽视，那么他就会觉得学校是一个让人讨厌的地方，因此讨厌学习。

最后，还有一个原因是孩子的学习方法不当。孩子希望能够通过自己的努力把成绩提高上去，也十分刻苦努力，甚至比那些学习好的孩子更加热爱学习，但却总是不能得到一个理想的分数，最后导致自信心下降，学什么都学不进去。学习方法没用对，这也是导致孩子厌学的原因。

每个孩子的大脑发育程度不同，喜欢的事物也不尽一样，家长要了解孩子应该学习什么，那么就放手让他去做他喜欢的事。如果孩子的厌恶情绪已经不能让孩子压抑住而开始逃避，那么不如先暂停，找到原因然后纠正。在孩子不愿意的情况下，肯定收不到任何积极的效果。

如果你的孩子也出现了这些厌学的情况，不要着急，静下心来和孩子仔细沟通，从自己身上多找找原因，想想自己对孩子是不是太苛刻了，是不是家庭让孩子感受不到温暖等。要对孩子自己做出理智的分析与恰如其分的估计，不要盲目乐观，也不要低估孩子，这样才能帮助孩子走出不自信的泥沼。不妨创造一个让孩子成功的机会，让孩子看到自己的能力，增强自信心，克服自卑。孩子的社交群体往往是很重要的，帮孩子与同学建立良好的关系，和孩子的老师多沟通，多带孩子参加集体活动，增强孩子对集体活动的适应能力,这也是妈妈可以考虑采用的。此外,改变一下一直使用的教育方式,改口头教育为纸条交流,许多嘴上说不出的话或许能通过纸条得到更好地传达,经常嘉奖孩子的优点,树立他们的信心,这对于改善孩子厌学情况也是有一定效果的。

○ 看似"没用"的书,也许最有用

有一位初一学生的家长,发愁自己的孩子不会写作文,便去请教老师如何才能让孩子学会写作文。当老师了解到她的孩子很少读课外书这个情况后,便建议她在这方面加强,并给她推荐了两本小说。

这位家长马上就给孩子买了这两本书,孩子读了果然很喜欢,读完了还要买其他小说来看。为此她给我打了电话,显得非常高兴。但过了一段时间,孩子又不喜欢读课外书了,这位家长无奈之下又去求助了老师。

原来,她在孩子读完这两本小说后,就急忙给孩子买了一本中学生作文选。按照她的理解是,读课外书是为了提高作文水平,光读小说有什么用,看看作文选,学学人家怎么写,才能学会写作文,可孩子不愿意读作文选。于是,她就给孩子提条件:你读完作文选才可以再买其他书。孩子当时虽然答应了,但一直不愿意读作文选,结果作文选就一直在那里扔着,孩子现在也不再提要买课外书了,刚刚起步的阅读就这样又一次搁浅了。

这位家长的做法真是让人感叹。她既不理解小说的营养价值，也没意识到阅读是需要兴趣相伴的，只是主观认为读小说不如读作文选有用。

即使对成人来说，持久的阅读兴趣也是来源于书籍的"有趣"而不是"有用"。而且，书真正有无用处，也是因人而异的，这当中关键就取决于每个人对它的内容是否会发生兴趣。对于孩子来说，只有他自己觉得有趣的书，他才能坚持读下去，才能从中发现新的知识。而如果某本书是他觉得无趣的，那么这本书在家长的眼里即使是再"有用"的，对孩子也不会有太多的帮助。

有个男孩总是怎么也写不好作文。他听从妈妈的嘱咐，每次去书店都会买一大堆作文指导书，他其实非常不喜欢读这类的书，他更想读那些优美的散文，情节一波三折的小说，但他妈妈认为那些书都是"没用"的书。她常对儿子说："读那些小说和散文都是浪费时间的事情，一点用处都没有。这样吧，你读完这些作文书才可以去买其他的书。"孩子虽然当时答应了，但依然很反感那些作文选。结果作文一直在抽屉里放着，孩子再没有提出过买小说和散文作品，他的作文依然没什么进步，并且阅读也搁浅了。

而另一位初中女孩子的妈妈则不同，她的女儿起初作文也不太好，但她并没有像男孩的妈妈那样，为孩子买一大堆的作文辅导书，她让孩子自己挑选感兴趣的书，这样，孩子选了一些小说、传记、历史、随笔。不到一年的时间，她的作文水平突飞猛进,并且语文成绩也好了许多。当孩子上初三时,为了把握中考作文方向与要点,才买了一本作文辅导书。

两个孩子遇到了同样的问题,可是两个妈妈采取了截然相反的对策,结果使得两个孩子的语文水平拉开了差距。

男孩的妈妈犯了一个常识性的错误——以偏概全,即认为凡是与学习有关的书都是"有用"的书,凡是与学习关联不明显的书都是"没用"的书。她被"有用"的光环所笼罩,对孩子所读的书都做出了一个十分片面的判断,并试图将这种想法强加给孩子。

这种行为其实正中了心理学上"光环效应"的圈套。"光环效应"这个心理学概念最早是由美国著名心理学家爱德华·桑戴克于20世纪20年代提出的。他认为,人们对人的认知和判断往往只从局部出发,扩散而得出整体印象,也即常常以偏概全。一个人如果被贴上了"好人"的标签,他就会被一种积极肯定的光环笼罩,别人会认为他拥有一切好的品质;如果一个人被贴上了"坏人"的标签,他就被一种消极否定的光环所笼罩,并被认为一无是处。这种现象像极了月晕,是从一个中心点而逐渐向外力散成越来越大的圆圈,据此,桑戴克为这一心理现象起名为"光环效应"。

生活中经常会遇见光环效应的现象,无论是在学校还是在家里。例如,某个孩子数学不及格,老师就会片面认为这个孩子没有学习的天分,太贪玩,也就不在他的身上花心思了。但实际上，这个孩子数学成绩不好，但也不证明他所有的方面都不好，也许他会在语文、音乐或是其他方面有特有的长处。如果没能得到施展的话，那么他本身蕴含着的才华就会被淹没。

因此，妈妈在指导孩子阅读的问题上，切忌"以偏概全"，用"有用"和"没用"这种多少带有一点功利性的评判标准来概括书籍。在给孩子选择阅读书目时，要了解孩子，然后再给出建议，不要完全用成人的眼光来挑选，更不要以"有没有用"来作为价值判断，要考虑的是孩子的接受水平、他的兴趣所在，要尊重孩子的意愿，看孩子愿不愿意读书，调动孩子阅读兴趣，先考虑有趣，再考虑其他，这样才能确保孩子在"悦"读的前提下进行阅读，学得新知。

再有，妈妈自己如果经常读书，心里十分清楚哪本书好，可以推荐给孩子。如果妈妈总能给孩子推荐一些让他也感到有兴趣的书，孩子其实是很愿意听取大人的指点的。但如果妈妈自己很少读书，就不要随便对孩子的阅读指手画脚，选择的主动权应交给孩子。

第二节
巧用心理学，让学习更高效

○ 为孩子营造最佳的读书氛围

在忙碌一天回到家以后，除了打开电视以外，妈妈们其实还有很多更好的放松选择，比如和孩子一起读读书。读书的时候全身心投入到书本里面，选一本使自己身心放松的书，还能给孩子启迪和熏陶。

书有香气，这种气味弥漫在家庭的周围，会让家庭更温暖，也会让孩子爱上阅读。当孩子看到妈妈正拿着一本书津津有味的阅读着，就会好奇那是什么，然后自己也会拿起一本书来看。对这本书产生兴趣，从而好奇读书吸引人的地方在哪儿。

根据中国出版科学研究所发布的《2008全国国民阅读与购买倾向抽样调查报告》来看，我国的阅读主体是18周岁以下未成年人，他们因为学习，阅读率达到了81.4%，而成年人大部分由于工作繁忙没有时间等原因，阅读率只占到了49.3%。成人人均年阅读图书为4.72本。

成年人的这个数字不得不说是让人失望的，成年人有各种各样的原因，比如工作忙、太累没有精力读书、找不到自己想读的书、对读书没有兴趣等。但是，家长在给出这些理由的同时，孩子也正在一旁看着。所以，如果想让孩子从小爱上书的话，家长就要摒除这些不读书的理由吧！多读书对人是有益的，不仅可以提高自身的文化涵养，还能起到净化身心的作用，所以，如果你想让孩子多读书，不如就给孩子做个榜样，给孩子营造一个良好的阅读环境。

联合国教科文组织曾做过这样一个调查，他们抽取了世界各个地方的人询问了多长时间读一本书后，发现在以犹太人为主的以色列，14岁以上的人平均每月读一本书，位于世界之最。

犹太人是热爱读书的，这个众所周知。据说每一个犹太人的孩子降临到这个世界的时候，他的母亲都会在《圣经》上点一滴蜂蜜，然后告诉孩子"书是甜的"。美国人对于犹太人的印象可以用一句话概括，"美国人的钱在犹太人的口袋里，全世界的人的财富都在犹太人的口袋里。"

为科学做出莫大贡献的达尔文、爱因斯坦、革命的领头人马克思、哲学家心理学家弗洛伊德、华尔街超级富豪摩根、著名导演斯皮尔伯格、毕加索、卓别林、门德尔松、钢铁大王卡耐基、股神巴菲特……都是犹太人，他们为这世界做出了卓越的贡献。而对于他们来说，最珍贵的不是财富，不是权力，也不是闪耀在外的光环，而是智慧。

一位犹太母亲问了孩子一个问题，"如果起了大火，你第一个要带走的东西是什么？"孩子们纷纷回答是粮食，钱财，或者珠宝。犹太母亲摇了摇头，"不，是智慧。"

但是，犹太人的智慧并不代表死记硬背的智慧，而是要具有深刻的逻辑能力，创新的精神，以及从广泛的书籍中发掘出对自己有用的东西，从而获得提高的能力。

犹太民族和其他民族最大的区别在哪里？许多人会回答是宗教信仰。其实不然，最大的区别其实是在对于知识的态度。犹太民族一直是一个希望把这个世界和人类之间的秘密——揭示摊开在人们面前的民族，给他们的孩子营造了一个极佳的获取知识的氛围。

家长引导孩子做广泛的阅读，并不仅仅在那些对孩子"有用"的书。要让孩子自己去选择自己喜欢的书，不一定要看《钢铁是怎样炼成的》《在人间》或者《我的大学》这样的名著，关键是要启发孩子去主动寻找自己的兴趣。如果孩子看那类名人故事比较多，那么就带他去买关于这个名人的书籍，让他了解不是所有名人都可以一开始达到目的，名人背后大都会有许多不为人所知的艰辛。如果孩子喜欢看战争故事，那么就为他买一本《三国演义》之类的书籍，了解古代人的智慧。

除了符合孩子的兴趣爱好，给孩子读的书的内容也不宜超出孩子年龄段的正常理解范围。孩子如果没办法理解书里内容的话，当然不会想读，这样只会打击孩子读书的信心。一旦他在书里发现许多自己无论如何也不懂的地方，那么就会把这本书搁置一旁，阅读的兴趣也大大地被破坏了。所以，多带孩子去书店吧，让孩子自己去他喜欢的地方挑选书籍，家长可以适时地给予建议，然后自己也挑选一些书和孩子一起看，相信书的味道可以让整个家庭都沉浸在一个温馨、充满智慧的氛围。

○ 多种感官齐动员，学习效率提上来

大文学家苏东坡的文章广为流传，这不仅是因为他会写文章，还和他的习惯有关系。苏东坡读书从不敷衍，不仅认真读书，还养成了看一遍就抄下来的习惯，像《汉书》《唐书》《史记》这样的书他都抄过。在不断的抄写中加深记忆和理解。

有一次朋友去看他，问他在做什么，苏东坡回答道，在抄《汉书》。朋友很不解，继续询问原因，苏东坡微笑答道，这其实是我第三遍抄《汉书》了，第一遍我每段抄三个字为题，第二遍每段抄两个字为题，到了第三遍每段只抄一个字就能理解内容。这样我就能掌握全本书的内容了。

宋代学者曾提出过一种行之有效的学习方法，那就是"三到"："读书有三到，谓心到、眼到、口到。意思是，读书要心到、眼到、口到，如果心思不在书本上，那么眼睛就不会仔细看，心和眼既然不专心一意，却只是随随便便地读，那一定不能记住，即使记住了也不能长久。

后代的文人经过试验后把这句话奉为真理，因为它同时提到了两种感官的运用——视觉和听觉，这两种感官的结合让事情的效率得到提高。眼里看着，嘴里说着，耳朵同时也能听到，这种方法也叫作"感官协同原理"，在当今的教育中多有运用。比如

说现在的视听教学课程,就是利用感官协同原理,将孩子看到的画面与听到的声音结合,对事物的感知也就更加生动形象,得到了更好的学习效果。

美国心理学家格斯塔做过这样一个实验,他找来十个孩子,分为两组,让他们各自待在两个房间。第一个房间里面放了5本《圣经》。第二个房间里面也放了5本《圣经》,但是除了这几本书之外,还放了一些关于宗教的画集,收音机里也放着宗教的音乐。

实验到尾时,格斯塔让孩子们把看到的内容能记住的都默写下来,结果第二组的结果明显比第一组好。第二组的孩子在背诵的同时也能说出所背内容的意义出来。

不难看出,第一组孩子在记忆的时候只用了一个感官,但是第二组孩子在记忆的同时却调动了几种感官。所以第二组的效果比第一组要好,也证实了"感官协同远离"的真实性。

人在收集信息的过程中,使用到的感官越多,那么收集到的信息也就越多越丰富,所收集到的信息在印象里也就能留下更深刻的印象。多种感官的同时使用能够提高感官的感知能力,效率会大大提升。科学研究表明,当孩子在获取知识的过程中,听觉能够获得的知识并且能记住的是15%,视觉能够记住的是25%。当两种感官结合能记住的是65%,这比分开使用的效率高了不少。

所以,家长要教育孩子在学习的时候多用口、手、眼。尽量多使用几种感官，以获得在学习上的事半功倍的效果。比如学英语，现在许多孩子学英语只是听老师怎么讲，自己从来不开口，单词反复记了很多遍也记不下来。那么就要告诉孩子在学英语的过程中不仅要听英语，更要自己说，看别人怎么说然后自己再说，这样就可以记得更快。

有的老师在教育孩子的时候也用到了这个方法，比如小学数学课的课堂上，当孩子被一道数学题难住的时候，老师就要孩子拿出许多小棒，自己分一分，在学习的同时边做边想边说。在做期末复习的时候，老师通常会让孩子自己做复习提纲，自己亲自动手比老师在黑板上写出来再抄下来的印象深得多，要是做题的时候突然想不起来了，还可以回忆当时自己用心推导的过程以及顺序，这相当于又重新记忆了一遍，记忆会更加深刻，答案也会迎刃而解。

所以，妈妈不妨告诉孩子在读书的时候用到各种感官，在记忆的时候耳朵、眼睛、手都要配合起来。孩子可以在动用各个感官的同时加深对事物的理解，基础也就越扎实，比如在上课的时候可以让孩子把图形折叠出来，通过剪、切、拼、搭，既可以培养孩子对空间的想象能力，使形象更加具体，加深印象又可以解答出答案，学习也就能达到事半功倍的效果了。

○ 妈妈假装不知道，虚心向孩子"请教"

妈妈和孩子，看起来总是教育者和被教育者的身份关系，妈妈总是教导孩子做这个做那个，孩子习惯性地接受，总是处在一个被安排，被教育的地位。一旦孩子总是达不到要求，那么就会很容易产生厌学、弃学等问题。但是如果有一天，妈妈和孩子的身份对调一下又会怎么样呢？让妈妈来做孩子的学生，虚心向孩子请教，假装自己不知道，孩子会感受如何呢？

当两个孩子玩在一起的时候，总会与对方在心理上做出个高下之分，对事情能够很快理解并且掌握技能的孩子就会比较积极，而另一个孩子老是处于弱势只要这样几次就会失去兴趣。无论什么时候，孩子都是需要有自己的一个优点的，那么让什么人来发现孩子优点并让孩子知道自己这个优点呢？最佳人选不是另一个孩子，而是孩子的妈妈。这也就是说，妈妈除了做孩子的教育者，有的时候也要做孩子的"学生"，就某些问题装作"无知"的样子，向孩子请教，从而提升孩子的自信心，让孩子对学习更有兴趣。

孔子生于春秋时期，一次，孔子去鲁国国君的祖庙参加祭祖典礼，一进太庙他就十分的好奇，于是就向别人问这问那，几乎什么都问到了。

有人觉得他不懂礼仪，也有人说他，"孔子学问这么出众，还需要问？"孔子听到了，就说："遇到不懂的就问，有什么不好？"

那个时候魏国有个大夫叫孔圉，聪慧又好学，待人有礼，于是在他死后，世人都称他为孔文子，孔子的学生不服气，就问孔子:"为什么他可以叫作'文'呢?"

孔子答道:"敏而好学,不耻下问,是以谓之'文'也。"意思是说孔圉聪明好学,不以向不如自己的人问问题为耻,所以将"文"字作为他的谥号。

连孔子都赞成要"不耻下问",自己为什么就不可当孩子的学生呢?所以说妈妈当孩子的学生是正常的。当孩子给出问题的答案时,妈妈要给予充分的肯定,表示孩子教给自己的东西让自己"懂得"了这个问题,并对孩子表达感谢之情,让孩子感受到成就感,孩子天生就对自己有优势的地方更有兴趣。

小兰最近的考试成绩比以前低了不少,也不如以前那么有自信心了,小兰妈妈在旁边看着心里着急,认为小兰是基础知识没有抓稳抓牢。于是就想了一个办法。

有一天看到孩子正在抓耳挠腮地诵书里的一段概念,就拿了点点心进去给孩子让她休息一会儿,在休息的间隙就问孩子,"你背的是什么啊,听起来好像很有意思。"

"是今天地理老师讲的地中海气候。"

小兰妈妈坐了下来,接着问:"什么是地中海气候啊?以前老在电视上看到听到。"

"就是根据气候的特点,把全球各个地方的气候分成不同的类型,这是一个地理气象学上的术语,而地中海气候分布的地方没有其他气候多,主要集中在地中海区域。"

说着就指着书本里一页的地图上,"看,这里分布的就是地中海气候。"

小兰妈妈也一脸惊奇的凑了过去,看了之后感叹了一句,"真不错,妈妈总算了解了。"

小兰看妈妈这么感兴趣,就主动提出:"要不我以后就教妈妈学习这个?"

小兰妈妈赶紧点头,于是自那以后,每天小兰都会给妈妈上一会儿课,周末也会一起对于这个星期的课程做个总结,有的时候对于妈妈提的问题自己也不懂的话就会去问老师,如此循环,成绩很快就重新提高了上去。

这个妈妈显然是花了功夫的,放弃了自己的休息时间来做好孩子的学生,提的问题也通常是孩子容易错的地方,让"小老师"再回去询问老师。来回几次,孩子对知识的理解就更为透彻了。

不过,在向孩子请教时,妈妈的态度一定要真诚。如果在请教的时候表现出很明显的虚假情绪,孩子就会想明明爸爸妈妈知道答案,为什么还要来问我呢?他是不是故意这样做的?然后,孩子就会对这种方式失去兴趣,甚至还会厌恶。因此,在向孩子请教的时候,一定要全身心投入其中,要认真向孩子问问题,如果这个问题真的能让孩子一起思考那就更好了。

○ 孩子为什么只记得开头和结尾

1962年,加拿大学者默多克做了这样一个实验:他给被试者一系列词汇，里面有肥皂、氧、枫树、蜘蛛、雏菊、啤酒、舞蹈、雪茄烟、火星……让被试者先观看这些词汇，然后再进行回忆，将看过的词汇一一列举出来。实验结果发现，只有两个词的出现频率最高，这两个词分别位于第一位和最后一位，而中间的词汇很少有被试者能够记住。

心理学家把这个效应称作"系列位置效应"，并绘出了图形完整地表达这个效应。这一图形画出后呈现在人们眼前的，是一条U字形的曲线，心理学家把这个称为"系列位置曲线"。这个实验证明了人们在记忆一件事的时候，通常事情的开始和结尾都会记得比较清楚。这也揭示了为什么很多孩子在读一篇课文后，留在记忆里的多数是这篇课文的开头和结尾。而在一天之内，早晨发生的事和晚上发生的事更能给孩子留下深刻的印象。

很多父母都为孩子的记忆问题苦恼，尤其是当老师要求孩子背诵课文的时候。有时候孩子很努力地背下了整篇文章，但是过了两三天，当父母再问的时候，孩子就只能说出最开始的一段和最后一段了。很多父母会觉得是孩子贪玩忘掉了，不仅会批评孩子，也会为孩子的学习效率担忧。

其实这是记忆过程中很容易出现的正常现象，家长不应该因为这个原因责骂孩子，而是应该根据这个"系列位置曲线"帮助孩子更好地进行学习和记忆。

首先，父母应该让孩子了解自己的记忆规律，减轻他们的心理负担。如果孩子用脑过度导致脑机能下降时，记忆率就会降低，所以这个时候可以让孩子歇一歇，做做广播体操或者眼保健操等运动，缩短学习中间部分的时间，提高学习的效率。告诉你的孩子，把最重要的事情放在最重要的时间做，早晨起来把这一天要学习的重点科目预习一遍，晚上回家之后再把这一天之后学到的科目重点好好回忆一遍，加深印象。

当背诵文章和单词时，可以把文章或者单词中比较难以理解的部分重点勾画出来，放在最开始的部分开始学习。长时间单纯地记忆一门学科的知识这个方法不好，因为具有相同性质的资料对于大脑的刺激比较低，时间一长，对于大脑的负担就会过重，大脑的兴奋状态也会改到保护性抑制状态，容易疲劳，注意力也不容易集中，这不利于记忆。所以，充分利用开头和结尾的时间，可以用同样的精力取得更加显著的效果。

当孩子记忆大篇幅的名词时，可以改变这些名词的次序，每次重复记忆的时候可改变一次开头和结尾，平均分配复习的力量。让每重新复习一次都成为一种新的体验，而每次开头和结尾因为轮流次序的不同都得到了强化加深记忆。达到显著的记忆效果。当孩子学习一段时间后，可以让他休息一段时间，最好是10~15分钟。背诵课文时，最好在顺读一遍之后再从中间开始背，这样又增加了开始和结尾的来回次数。再有，早晨和晚上这两段黄金时间，家长注意也不要让孩子轻易错过，这两段时间可以记住很多在中间时间费尽力气也记不到的事。

同时，家长要注意教导孩子合理地组织材料，尽量减少相同类型资料的相互影响，比如学习完语文后，就不要马上去学历史，让大脑保持新鲜感。打乱记忆的序列，这样能记住的东西也会比较多。

此外，著名教育家丰子恺先生曾经说过这样一个有助记忆的方法，名为"二十二遍读书法"，这二十二遍并不是一气呵成，而是分四天进行，第一天读十遍，第二天、第三天各读五遍，第四天读两遍。这种方法叫作分布识记法，比较方便，也比较科学，妈妈不妨也让孩子试一试。

○ 记忆有曲线，别忘捡起旧知识

人的记忆是有规律的，或许你会发现，一件事情如果时间久了，也就忘得差不多了。德国著名的心理学家艾滨浩斯通过实验发现了一条记忆规律，即"艾宾浩斯遗忘曲线"，他发现人的遗忘是从学习之后开始的，而这个遗忘的过程进行得也并不均匀。最开始的速度会很快，然后慢慢地速度就会变慢。如果一个人学习 20 分钟之后，遗忘率就会达到 41.8%，此后遗忘的速度会逐渐变慢，到此后第 31 天的时候，遗忘率才会达到 78.9%。在这个记忆消失的过程中，会产生一个长时记忆痕迹，这条痕迹所代表的正是人最关心、最在乎的东西。

多数孩子会对新的事物比较好奇，对新的事物有强烈的求知欲。然后新的事物源源不断，又会对刚刚学的东西失去了兴趣，过不久就会遗忘。等到需要用到这些知识的时候再回过头来看，又要重新学习一遍，费时又费力。其实，只要掌握住记忆规律，在学习的同时及时对学过的知识进行复习，就能得到更好的学习效果。

小雨今年初三，成绩很优秀。这天是星期一，照例是开班会的时候，在班主任总结了上个星期班级上的情况后，就叫小雨去讲台上对大家说一下自己学习的感受。

"人人都说我聪明才学的好，其实并不是我聪明，我比很多同学都要笨，有的时候一道题解很久都解不出来。"

"只是我知道学习之后要及时复习，比如说语文文言文的背诵，大家经常在课堂上一起背诵，然后相互抽背。当时在课堂上是背得全，但是下课后各自去玩了，等到该用的时候才发现已经忘得差不多了。"

"其实我没有学习的秘诀，就是及时复习。"

"背完单词之后，下课时可以抽几分钟出来在脑子过一遍刚刚学到的单词，如果是语文或者历史政治，就会大概总结一下中心思想，早晨会花 10 分钟把昨天学到的知识通通过一遍，这样就加深了记忆。到这个周的周末，会抽出时间加起来想一遍。这样一个星期两个星期三个星期，知识就全都掌握到了。比如第一天我会用 10 分钟的时间来复习，那么第二次在复习这个知识的时候就是在第三天，第三次复习的时候就在一个星期以后，中间想起来了还会想一想，但是不要轻易放弃，这是一个长久而持续的过程,因为无论是什么样的记忆,都是容易遗忘的。考试之前即使不太准备也能得到好成绩。"

小雨的方法很对。有的时候老师有随堂测验,孩子会着急,然后马上打开书复习,这个时候学到的东西对于马上的测验是有用的,但是一放学回家,又会忘得差不多了。短暂的记忆是有效的,但是过不了多久就会忘记,如果不及时复习,遗忘速度加快就会降到原来的25%。孩子有可能会想先放一边等过一会儿再复习,但是过了一会儿在原来的基础上知识已经消失了不少。

在及时复习的基础上,艾宾浩斯还提出要勤于复习。他发现,要记住12个无意义的音节,平均要重复16.5次,要记住36个无意义的音节,则需重复54次,但是要记住六首诗词里的480个音节,只需要平均8次。这个例子说明,只要全面理解了知识就能记得更稳固。那些无意义的词即使记住了,以后回忆起来也会更费力气。所以,艾宾浩斯提醒对于知识不仅要及时复习,还有经常拿出来多加复习。

俄国伟大的教育家乌申斯基曾经说过:"不要等墙倒塌了再来造墙。"这句话要告诉孩子的是:不要学到知识后就放心的放在一边,要及时地复习。因此,想要孩子学得的知识稳固持久,妈妈就要在孩子刚刚学习到新知识的情况下提醒孩子立即复习,短短几分钟的时间过一遍,加强记忆。但是,不要以为只复习一次就行了,之后也要经常复习这些知识,只是每一次的复习间隔时间要随着次数的增多而增加,比如这次是第一天复习,下一次是第三天,那么再下一次就是一个星期以后,循序渐进。总之,不管时间多长,都要在记忆遗忘之后立即进行复习,强化记忆力。

此外,妈妈还可以和孩子一起回忆这些刚学到的知识,寓教于乐,让复习知识的这个过程变得快乐而有趣,同时还能增进与孩子之间的感情。

第三节
适度减压，让孩子在快乐中学习

○ 要求从低到高，每天进步一点点

缺乏把事情做到底的习惯，是许多孩子的通病。我们常可以看到一些孩子学到一半时放下手里的东西，不再学了，又开始干起别的事情来。例如，有的孩子练习钢琴时，开始还把手放在琴键上，没多久就不弹了，开始坐在那里发呆。

有些时候，孩子之所以不能将一件事情从头到尾坚持做好是因为缺乏能够起到激励作用的目标。目标对于一个人的行动具有强大的吸引力和推动力，如果目标是合适的、正确的，那么人们就会主动发出积极的行动，朝着目标的方向不断努力。但是，如果制定的目标没有吸引力，或是根本是一个人力所不能及，那么这个目标非但不会对人起到任何正面的吸引力，甚至还有可能产生阻力。

明明平时考试成绩在班上总是落后。有一次他考试成绩有进步，名次跃居班里中等，父母知道后兴奋不已，对他说："这次进步很大，期末一定要考个全班第一！"

听了父母激励的话语，明明不但没有半点喜悦，还背上了沉重的思想包袱，整天唉声叹气。因为他知道，自己在这短短

的一段时间里，就是不吃不睡，使出全身解数，也考不了全班第一名。

可见，家长为激励孩子所设的目标既不能太低，也不能过高。就像篮球架的科学设计那样，如果太容易达到，就不容易形成动力；如果太难达到，就会让人望而却步。只有合适的目标才对孩子有吸引力。

心理学上有一个"篮球架效应"，说的是如果篮球架有两层楼那样高，那么对着两层楼高的篮球架子，几乎谁也别想把球投进篮圈，也就不会有人犯傻了；如果篮球架跟一个人差不多高，随便谁不费多少力气便能"百发百中"，大家也会觉得没啥意思。正是由于现在这个跳一跳就能够得着的高度，才使得篮球成为一个世界性的体育项目，引得无数职业篮球运动员奋争不已，也让许许多多的爱好者乐此不疲。

篮球架子的高度启示我们：一个"跳一跳，够得着"的目标最有吸引力，对于这样的目标，人们才会以高度的热情去追求。给孩子树立的目标也是如此，一要让孩子力所能及，二是要让孩子能够不断提高。也就是说，既要让孩子有机会体验到成功的欣慰，不至于望着高不可攀的"果子"而失望，又不要让孩子毫不费力地轻易摘到"果子"。只有不断给孩子定出一个"篮球架子"那么高的目标，让他"跳一跳，够得着"，才能收到好的效果。

根据篮球架效应，妈妈可以采用分割目标的方法，把一个大目标分解成几个小目标，最先拟定容易达到的目标，达到了之后，再开始追求下一个小目标，这样孩子才容易把一件看似很大的事情做到底。就拿学钢琴来说，妈妈在让孩子用功学习时，不要只反复说"好好学习"，而应该说"再学习30分钟"，这样就给孩子指出了短期目标，孩子干起来就有了劲头，而达到目标的喜悦会使他增强实现下一个目标的动力。这种分割目标的方法，既能帮助孩子建立起自信心，还能提升孩子的行动力。

一个中学生每天睡懒觉，6∶30才起床。爸爸强迫他每天早晨5∶30起床，6∶00开始读英语。一下子提前了一个小时，孩子感到比较为难。妈妈出面调停，允许他6∶15起床，他才轻松答应。半个月后，妈妈又让他提前15分钟起床，他又同意了。这样一步一步提高对他的要求，两个月后，他就能在5∶30起床了。

总之，妈妈不要从一开始就给孩子提出过高的目标，而使孩子受到挫折。应当适度地定出孩子能够实现，但又有一些难度的小目标，通过小目标的逐步实现，来增加孩子的自信。这样，就可以培养出做任何事都能"持之以恒"的孩子。

○"第一名"不骄傲，"第十名"也很好

受应试教育的影响，许多家长评价孩子好坏的唯一标准是孩子的学习成绩。他们认为，孩子如果学习成绩好，就是优秀的孩子，将来就有出息，自己的教育就是成功的；反之，如果成绩不好，不管其他方面怎么样，将来也一定没有什么大发展。如果家

长持有这种观点，那么无疑对孩子是极为不公平的，从心理学角度讲，这是一种以分数代替一切衡量标准的"晕轮效应"。

在"晕轮"的影响下，家长将注意力集中放到了孩子的不足之处——成绩，于是衍生出一系列孩子"莫须有"的罪状。这也难怪家长，我国目前的应试教育的直接后果是从学校到家庭，都把分数作为衡量孩子的最主要标准，只要与升学搭边的学科就重视，否则即使大纲有要求，课时也难免被挤占，真正能保质保量上好德育、美育以及劳技课的学校微乎其微。这种"唯分是举"的人才选拔方式，不仅剥夺了孩子正当的娱乐、休息，扼杀了孩子们宝贵的兴趣、爱好，而且将造就缺少生机与活力的畸形人才。

1989年，杭州市天长小学老师周武受邀参加一次毕业学生的聚会。当时他暗自吃惊：那些已经担任副教授、经理的学生，在学校时的成绩并不十分出色。相反的，当年那些成绩突出的好学生，成就却平平。

这个现象引起了周武的好奇心，他开始追踪毕业班学生。经过十年、针对151位学生的追踪调查，周武发现，学生的成长是一个动态的过程。在这种动态变化中，小学的好学生随着年级升高，出现成绩名次后移的现象：小学时主科成绩在班级前五名的学生，进入中学后名次后移的，占43%；相反，小学时排在七到十五名的学生，在进入初中、高中后，名次往前移的比率竟占81.2%。

周武的这个发现正是我们现在经常会提起的"第十名效应",即成绩在班里第十名左右的学生,有着难以预想的潜能和创造力,让他们未来在事业上崭露头角,出人头地。当然,这里所指的第十名并非刚刚好第十名的学生,而是指那些成绩中庸的学生。根据周武的进一步解释,处于中庸位置的孩子,他们受老师和父母的关注不那么多,学习的自主性更强、兴趣也更广泛。至于那些名列前茅的学生,由于从小就受到父母、师长的过分关注,过分强化学科成绩,反而会扼杀了潜能和学习自主性的发展。

一个人的成功并不完全由学习成绩高低决定。事实上,学业成绩主要考查的是孩子两个方面的能力:逻辑思维能力和语言能力。而人的潜能是多方面的,其他诸如人际沟通能力、领导管理能力、艺术创作能力、动手能力等,对一个人的成功也很重要,却很难在考试中体现出来。因此,以成绩论英雄,以成绩来评判孩子的好坏,是不科学的。对于每位妈妈来说,鼓励孩子考第一可以,但是也要根据孩子自身的能力来衡量,不要因过分追求成绩而给孩子背负上沉重的压力。孩子是成长中的人,他拥有无限的可能,除了学习成绩以外,他还需要发展各种能力,这当中既包括想象力、创造力等综合素质能力,也包括情绪调节力、情绪控制力等心理能力。

俗话说,"三百六十行,行行出状元",即使孩子考试分数不好,他在其他方面也不一定没有特长和能力。作为妈妈,最重要的是挖掘孩子潜在的特长和能力，鼓励孩子发展自己的兴趣，施展自己的长处，而并非只关注孩子的学习成绩。此外，妈妈自己一定也要保持一颗平常心，不要为了满足自己攀比、虚荣的心理或是为了让孩子达成自己求学时没能达成的愿望而过高要求孩子。对于孩子来说，拥有健康的体魄，拥有健全的心理素质，拥有最基本的品质道德，拥有快乐成长的环境，这就足够了。

○ 奖励要适当，否则可能毁前程

在心理学上，有一个著名的"雷珀实验"：心理学家雷珀挑了一些爱绘画的孩子并把他们分为 AB 两组。A 组孩子得到许诺：画得好，就给奖品，B 组孩子则只被告之"想看看你们的画"。两个组的孩子都高兴地画了自己喜爱的画。A 组孩子得到了奖品，B 组孩子只得到了几句平常的赞语。三星期后，心理学家发现，A 组孩子大多不主动去绘画，他们绘画的兴趣也明显降低，而 B 组孩子则仍和以前一样愉快地绘画。

"雷珀实验"提示我们：适度的表扬和奖励能够激发孩子积极向上的情绪和愿望，适当的奖励有利于良好个性和优秀品质的形成，也有助于孩子能力的发展、知识的积累和审美情趣的培养。不过，奖品固然可以强化某种良性行为，但它也有使人只对所获奖品感兴趣而对被奖行为本身失去兴趣的危险。在现实生活中，不少家长在运用表扬和奖励的时候也存在着一些误区：

有个妈妈为了激励她的孩子，尝试了很多办法。孩子考得好，就带他去游乐场，买名牌运动鞋，吃西餐，甚至许诺说要考到某个程度就带他出国旅游。可每种办法只能用一两次，然后就没效了，孩子的学习也一直没什么起色。

这位妈妈似乎用了很多办法，但分析她的方法，其实只有一种，那就是物质刺激，区别只是奖品不同。

人对奖品的热爱程度取决于他在这方面的欠缺和需求程度。或许家长还习惯于给孩子物质奖励，但实际上，现在的孩子多数都衣食无忧，在物质上并没有太大的欠缺，所以物质奖励并不能真正刺激他们的热情。即使能带来一些动力，也只是阶段性而已，并不能持续多长时间。而且，物质奖励非但不能从根本上解决问题，起到激励的作用，有时甚至还会产生一些副作用。

首先，物质奖励会让孩子的学习目的发生变化。例如，一个孩子如果为了一双名牌球鞋而去学习，他在学习上就会变得功利了。在短时间内可能会取得好成绩，可一旦得到了这双鞋，对学习就会懈怠。庸俗奖励只能带来庸俗动机，它令孩子不能够专注于学习本身，把奖品当作目的，把学习只当作是一个拿到奖品的手段，真正的目标就在这个过程中不知不觉地丢失了。

其次，它败坏了孩子实事求是的学习精神。学习最需要的是对知识的探究兴趣和踏实的学习态度，如果家长总是把奖励当作学习的诱饵提出来，其实这从某种程度上讲是一种成人要求儿童以成绩回报自己的行贿手段，会令孩子对学习不再有虔诚之心，只把心思用在如何换取奖品、如何讨家长欢心上。这样一来，孩子的心就总是悬浮在半空，患得患失，虚荣浮躁，学习上很难有心无旁骛、脚踏实地的状态，这无疑是一种对学习本身毫无利处的不正确的态度。

可见，妈妈对孩子的奖励一定要慎重，当孩子取得进步时既要及时以奖励作鼓励，又要注意选择正确的奖励方式。

一个人除了物质需求外，还有被尊重、被认可、被理解、被关爱等多方面的精神需求。这也就是说，除了物质奖励，精神上的肯定和鼓励对于孩子也非常重要，它所发挥的作用有时甚至会超越物质奖励。不过，给予孩子精神上的奖励也需要讲究方法，而且不能过度。有些家长在孩子每做对一件他们所应该做的事，每回答对他所应该回答出的问题时，都要抛出如"真乖""真好""真聪明"等之类的赞赏的话和报之以喜悦的脸色，久而久之，这些话就失去了它应有的效用，因为人的心理就是这样：越容易得到的东西越不会引起重视和珍惜，没有做多少努力便能得到的表扬也只能是廉价的。这样的表扬越多，孩子便越会对它无动于衷，更谈不上珍惜，也不会有什么荣誉感，有时还会产生不表扬就不去做的错误意识。

因此，对于孩子的精神奖励要适度而行，而且所说的话要具体，即具体到孩子的某一具体行为上，如"你今天做了一件……的事，妈妈很为你感到骄傲"，这种具体到细节上的表扬可以让孩子知道，妈妈正在关注着自己，自己所做的每一件事情妈妈都能看到。这样一来，孩子既收到了来自妈妈的关爱的信号，同时也因为被肯定而提升了自信,进而做事更充满活力。

○ 孩子遭遇学习低谷怎么办

很多孩子会在一段时间出现学习和复习效率停止不前,甚至对已经学过的知识还感觉模糊,有时头脑昏沉,心情烦躁,学习效率降低,越学越没有劲头。这种学习进步的速度减慢甚至停滞,人的学习状态落入低谷的现象,在心理学被称为"高原现象"。

心理学研究表明,人在学习各种新的知识和技能的过程中,其能力和水平的发展并不是直线上升的。一般来说,在人刚开始学习一项事物时,通常较为费劲,提高较慢,当他初步掌握了该知识、技能的重要规律或找到了"窍门"后,成绩就会明显提高,学习者因此得到鼓舞,提高了兴趣,树立了信心,取得更大的进步。但是紧接而来的,就有可能是学习的"高原期"了,此时学习者已经掌握了一定的知识,也具备了一定能力、水平,剩下的多是疑点、难点,加之精神、心理等诸种因素的影响,进步速度比较缓慢,尽管学习者很用心学习,但成绩提高不大,有时甚至会下降,水平总体上处于一种停滞状态之中。当学习者通过有效的方法克服高原现象以后,学习成绩又开始逐步上升,能力水平达到新的高度。

高原现象的产生也是多种多样的,具体来讲,当学习一段时间后,孩子的好奇心已满足,学习兴趣减弱,学习动力随之下降；也许目前使用的学习方法已不再适应这一阶段学习的要求；也许是生理与心理的双重疲劳；也许是原来形成的知识结构网络不适合进行新的学习……诸多因素，都将致使孩子的学习停滞不前。

蒙蒙是小学六年级的学生，学习不算卖力，对待老师、家长的批评是"虚心接受，坚决不改"，但凭着一些小聪明每次成绩也都能保持在班级十名左右，发挥较好时甚至能进入班级前五名。父母亲戚、老师同学都说他学习潜力很大，上初中后仍然有很大的进步空间，就连他自己也认为如此。

不过，在小升初考试的前两个月，蒙蒙决定突击学习，考入一家好的中学。他抛弃了以前所有陋习，全身心拼了起来，可成绩却不见起色，依然维持在10名左右，甚至有一次摸底考试还下滑到了班里的19名。蒙蒙这下子慌了，他更拼命地努力，可却发现只要一拿起书本头就嗡嗡直响，听课时也会莫名其妙地走神，注意力总集中不起来，好像有劲却怎么也使不上。他开始怀疑，老师和家长过去对他"聪明"的评价是对他的嘲讽，怀疑自己的潜力也已经被挖掘殆尽了。

如果孩子已经处于"高原状态"，要想帮孩子不慌不乱地走下"高原"，首先要明白，"高原现象"不是"学习的极限"，而是一种正常现象，如同运动员在长跑中会出现极点一样。要鼓励孩子再坚持一下，学会为自己加油，增强信心，这种感觉就会消失。用一种平和的心境看待它，告诉孩子在合适的时候学习合适的内容,比如早晨可用于早读,中午休息,下午整理消化当天复习内容,晚上三门学科交叉系统进行。尽快把头脑中较为混乱的知识排序重新组合,通过比较、分析、归纳、概括等手段,使自己已有的知识系统化,这样可以避免在知识调用时出现混乱,人为造成"高原现象"。

其次,可以帮助孩子改进学习方法。孩子在学习过程中所养成的学习习惯和学习方法会影响和制约着学习的成绩,因此,要走出"高原",进一步提高成绩,妈妈不妨和孩子一起讨论,看看在学习中哪些习惯、哪些方法是有效的,可以继续保持的;哪些习惯和方法是有害的,必须克服和改进的,一一进行调整和改进。

再有,妈妈在平时应多关注孩子的学习情况,经常与孩子进行学习和生活上的交流。在孩子的学习过程中,对其学习行为中的闪光点加以肯定和鼓励,同时如朋友般与孩子一起分析错误形成的原因,并找到解决的办法。妈妈要记得多尊重和理解孩子,在孩子取得突破时及时予以鼓励,让孩子体会到努力后的成功感,增强孩子学习的信心,以期取得更好的成绩。

最后,加强锻炼,增强营养,保持充沛的精力,这也是克服"高原现象"的一个重要的条件。

总而言之,知识技能的学习与提高要经历以上四个阶段,"高原现象"是学习过程中迟早都要面临的。当孩子进入学习上的高原阶段,妈妈不应该对孩子加以指责,武断地认为孩子不用功，而是应该和孩子一起分析问题，认真诊断，找出症结所在，然后对症下药。只要孩子平安度过学习上的高原期，就能跃上另一个台阶，突破原有局限，取得新的成绩。

○ 给学习压力大的孩子做做情绪疏导

俗话说，井无压力不出油，人无压力轻飘飘。适当给孩子施压是应该的，毕竟每位家长都希望自己的孩子能长成一个优秀的成年人。但是，凡事都应有个度，过重的压力非但不能让孩子获得前进的动力，反而会让孩子感觉到生命所不能承受之重，出现逆反心理，最终事与愿违。

佳佳的父母在社会上都是有头有脸的人物，他们对佳佳倾注了很多心血，同时也为佳佳设置了极高的标准。在学习上，佳佳必须要争第一，因为在父母眼里第二都不是优秀，只有第一才是赢家。

为了达到这个目标，佳佳从小就学习时间长过其他孩子，她没有时间看动画片，没有时间出去游玩，放学后不是参加补习班，就是到钢琴教室弹钢琴。佳佳是个懂事的孩子，为了自己能使父母感到欣慰，她卖力地学习，因此成绩一直都很优异。不过，即便如此，佳佳偶尔也会失去第一名，而这种时候，父母就对她冷言冷语，怪她懒惰不知上进，逼她增加更多的学习时间……

在越来越多的压力中，佳佳的学习成绩反而越发不稳定了，第一名的次数越来越少,学习的后劲也越来越不足。看着同学们飞速进步,而自己却不进而退,佳佳心里产生巨大的挫败感和失落感,同时,还要面对父母越发严厉的批评。最终,佳佳的情绪崩溃了,她变得暴躁不安,情绪波动很大,并且经常失眠。她再也听不进去父母的话了,也不跟同学老师来往,把自己封闭了起来。

父母给予的巨大学习压力是佳佳身心受损的最根本原因。给孩子太大的压力,会使他精神紧张,甚至与父母的期望适得其反。这是因为,人做事的动机如果过强的话,就容易产生压力,从而变得紧张,思维局促,甚至在极端的情况下,大脑会一片空白,这样的情况,当然不利于发挥水平了。只有在动机适度,人比较放松的情况下,人的能力才能得到充分的发挥。

所谓的动机,指的是人渴望完成任务的程度。心理学家认为,人的各种活动多存在一个最佳的动机水平。动机不足或者过分强烈,都不是一种好现象,比如一个整日混日子、没有什么理想的学生,很难有学习的兴趣;而一个对学习抱有太大的期待,过分追求学习功利性,学习动机过高的学生,势必会为自己制造巨大的压力,最终影响到他的学习效率,而学习效率的下降,反过来又会增加他的压力。可见,太强或太弱的动机都不利于人的学习和发展。那么,什么样的动机水平才是最适度的呢?

美国心理学家耶克斯和多德森认为,中等程度的动机激起水平最有利于效率的提高。所以,当孩子的压力超过中等程度时,妈妈记得要帮孩子做做情绪按摩，以减轻他的压力。缓解孩子的压力，妈妈可以从以下几个方面着手：

（1）当学校老师为孩子施加压力，让妈妈监督孩子学习时，妈妈最好不要让老师牵着鼻子走，而要做到"不管"和"不说"。孩子们已经够累了，就让他们在这种"不管""不说"中学会自我监督、自我放松吧！

（2）无论妈妈有多紧张，都应该尽量避免在考试期间，与孩子发生情绪上的冲突，增加孩子的压力。

（3）确保孩子作息正常。考试的压力过大的孩子可能会在考试期间或者备考期间出现乱发脾气、头疼、发烧、肚子不舒服，甚至失眠等状况。调节孩子身心平衡，让孩子和平时一样吃好睡好，维持正常作息，孩子才能处于最佳状态。

（4）和孩子一起做运动。适当的运动，能够让孩子的紧绷状态松懈下来。几分钟的深呼吸，十分钟的暖身操，花半个小时去游泳、跑步，到公园散步，都是很好的解压方法。

○ 让自卑的孩子相信自己的能力

小雯上五年级了，成绩一直都不错，一般都在班级前十名。一次小测试，小雯没有考好，老师一脸铁青地叫骂着："你丢不丢脸啊！居然才考80多分，你看人家倒数的小飞都超过了你！"事后，小雯宛若一个泄了气的皮球，眼泪汪汪地坐在教室里。

之后的一个学期，小雯都闷闷不乐的。她比以前更加努力学习,特别害怕考试成绩差被老师骂,但是似乎她越努力学习越吃力,成绩也是时好时坏,发挥很不稳定。渐渐的,小雯觉得自己学习真的不行了,她认为自己再努力也不能像以前那么好了,因为现在好像自己越来越笨,而其他同学都越来越聪明。从此,小雯不再对学习有热情了,学习对于她来说变成一个折磨,而她的成绩也一落千丈。

没有一个孩子天生就是自信的,也没有一个孩子天生就是自卑的。让孩子走向这两种极不同的端点,教育就是其中无形的手,好与坏其实都掌握在教育者那里。毋庸置疑,小雯幼小的心灵已经被老师深深地刺伤了。在老师的指责中,孩子陷入了深深的自卑无法自拔,因而再也没有自信好好学习了。

自卑是一种性格缺陷。自卑的人常常认为自己在某些方面或各个方面都不如别人,常用自己的短处和别人的长处相比,具体体现在遇事不相信自己的能力;办起事来爱前思后想,总怕把事情办错被人讥笑,且缺乏毅力;遇到困难畏缩不前。

孩子产生自卑心理有着多种多样的诱因。例如,爸爸妈妈总是指责孩子这也不是,那也不行,那么孩子在生活中就难以体会成功的喜悦,会觉得自己一事无成,怀疑自己的能力,形成一种自卑心理。再比如,有些家长总喜欢盲目地拿别人孩子的长处和自己孩子的短处相比,责骂训斥,讽刺挖苦,这也会令自家的孩子越来越自卑。等到孩子上学以后,成绩不好也会造成孩子的自卑心理。此外,容貌不够好看、家庭条件不好,等等,都会在一定程度上造成孩子的自卑心理。

自卑对孩子的心理健康会产生很多负面影响,更会对一个人的身心的正常成长起消极作用。心理学家认为,每个人都有先天的生理或心理欠缺,在潜意识中,都有自卑心理存在。但是,一个人的自卑不是与生俱来的,大多是在后天的成长过程中养成的。所以,在现实生活中,妈妈如果不能正确地对孩子进行教育和引导,就容易使孩子产生自卑心理,反之,如果妈妈能够让自卑的孩子也看到自己的能力,让他发现自己也是有优点和长处的,那么就会令孩子重新获得自信。

那么,妈妈应当如何让自卑的孩子重新拾回自信呢?我们可以从下面这个妈妈的故事里总结一些经验。

因为妈妈工作忙,小盈刚满两岁就上了幼儿园。最近小盈总是闷闷不乐的,还总问妈妈自己是不是很笨。原来,是小盈所在的幼儿园为了提高孩子们的自理能力让孩子自己吃饭睡觉,有时候还进行比赛。小盈年纪小,总是落在最后,所以她很自卑。

妈妈了解到这种情况之后,在家的时候也会让小盈自己吃饭,即使孩子吃得慢也从不催她。孩子吃完后,妈妈还会鼓掌说:"宝宝真棒,前两天还不会拿勺子,现在都能自己吃饭了!一定是幼儿园阿姨教得好对不对?"过两天,妈妈就会说:"宝宝现在用勺子已经很熟练了,吃饭也不撒饭粒了,真棒!"每次听到妈妈的表扬,小盈都会开心地拍手,人也恢复了往日的活泼。

首先,妈妈要端正自己的态度,在生活中要注意并善于发现孩子的优点和点滴的进步，并不失时机地给予肯定和表扬，不要总拿孩子的缺点和别人的优点做比较，更不要贬低孩子。要记住的是，不管你的孩子表现如何，都不能随便做出"没有出息"之类的负面判断，也不能任意给孩子贴上"窝囊废"之类的灰色标签。不要单纯抽象地用貌美、聪明、学习成绩好等夸奖来满足孩子的自我表现欲，而要尽可能地在具体地不同层次上让孩子看到自己特有的优势，从而实现高质量的自我满足。最重要的是，要教育孩子重视自己每一次的成功，因为成功的经验越多，孩子的自信心也就越强。

其次，妈妈要让孩子既看到自己的不足，同时也看到自己的优点，让他客观地认识自己，全面地接纳自己。

再次，要让孩子学会正确与人比较，不要总是拿自己的短处跟别人的长处比，同时自己也不应总拿孩子的短处和别的孩子的长处比。

最后，要引导孩子对自己有合理的要求，不要给自己太大的压力和太高的设想，以免因为理想与现实的落差使孩子坠入自卑的深渊。

第四章 情绪宜疏不宜堵,做好孩子的心灵导师

第一节
孩子有压力时,做好心理治疗师

○ 及时去掉心理包袱,让孩子轻松前行

美国自然科学家、作家杜利奥曾经提出过这样一条心理定律,并将它命名为"杜利奥定律"——没有什么比失去热忱更可怕,一旦失去热忱,人便垂垂老矣。这条定律要说明的是,如果人的精神状态不佳,那么一切都将处于不佳状态。从根本上来讲,杜利奥定律要说的就是人与人之间其实只有极其微小的差距,可就是这微小的差距,却可能会导致人成功或失败。如果差距的属性是积极的,那么就是成功;如果差距的属性是消极的,那么就是失败。换句话说,成功与失败只在一线之间,而这条线,就是人的心态。

在宜男的记忆里,从来就只有他的爸爸和爷爷奶奶。由于妈妈的早亡,他从小就过着单亲家庭的生活。

每次看到同学朋友和爸爸妈妈一起合家欢乐的时候,他就由衷地感到羡慕,而且总是梦想着自己也能得到爸爸妈妈共同的呵护和关爱。但是,他也知道那是不可能实现的,所以上初中之后,他就越发的变得消沉,内向话少,很少和同学打闹,有意封闭自己,越来越孤僻。

他知道自己的梦想永远不可能实现了,所以就把寄托放到了高考上,一心要考出好成绩,考进理想的大学。可是,两年以前高考时,因为之前用脑过度又过于紧张,他在考场上出现了记忆空白,惊慌失措等症状。也正是因为这样,他落榜了。这一年的九月,当他看到昔日的同学纷纷进入大学校园时,不免开始感到深深的自卑。从此以后,宜男就患上了忧郁症,身体也越来越不好了。

情绪的作用是巨大的。对于孩子来说,孩子比大人拥有更敏感更脆弱的心灵,这在孩子青春期时体现得尤其明显。因为这个时期孩子的心理还没发育健全,还没有足够的应对能力,所以在面临挫折或是突发意外时,往往会有比较大的情绪浮动,表现为叛逆心理、易烦躁、情绪多变等。

孩子的心灵是很脆弱的,忧郁这个词常常在孩子的人生中作为一大阻碍,孩子会因为不同的事使情绪低落。妈妈是孩子最好的呵护者,也应是孩子最好的心理治疗师,因此要密切注意孩子的情绪发展状态。当孩子出现负面情绪时,要站在孩子的角度分析他的顾虑,及时帮他理清自己的情绪,去掉心理的包袱,让孩子步履轻盈地走过成长之路。

作为家长,当孩子出现负面情绪时,不能自乱了阵脚,要时刻保持冷静,理性和孩子一起所面对事物的利与弊,引导孩子回到正常状态上来。或是还可以帮助孩子发现有趣的事物以转移他的注意力。当孩子充满负面情绪时,他的注意力往往很难从当前这件干扰他心绪的事情上转换出来，所以妈妈不妨多让他出去和同学玩，或是发掘他的兴趣。最重要的是，要告诉你的孩子无论如何你都在他的身旁，让他感到自己不是孤立无援的，"没有什么问题解决不了""开心面对每一天"。积极的心态能战胜一切，让孩子获得心灵上的支撑。

小静家境优越，又是家中独女，所以从小就被家人报以很高的期望，她对自己的要求也很高，成绩一直很优秀，每次考试也是名列前茅。直到有一次期中考试前，小静因为感冒发烧没有复习好，所以那次考试不是很理想，为此小静一直闷闷不乐，不过她的父母并没有因这次考试责怪她，反而鼓励她下次加油。但是，从那以后，小静的心情再也没有像以前那么好了。为此，小静妈妈为女儿请了假，并和班主任谈论了小静的情况。班主任也发现，自从期中考试后，小静就开始沉默寡言。后来，小静好像封闭了自己，成绩下降，记忆力下降，人也不再开朗……

不被注视的失落感、失去自由玩耍的机会等，这些都有成为孩子抑郁的原因，会让孩子感到不快乐、忧郁和恐惧。如何让孩子摆脱这些负面情绪，甩开不必要的包袱，重新变得快乐起来，也是妈妈最需要注意的地方。

比较好的办法是，多鼓励、多倾听，让孩子用自己的方法减轻压力，比如大哭一场，或是通过运动来排解不良情绪。孩子不像成人那样善于运用倾诉的方法，所以有的时候他们并不能够有效地通过交谈来抒发缓解自己的负面情绪，或许是因为无法正确表述自己的意思，或许是因为觉得家长和自己有代沟无法说到一起去。这个时候，身为最关心孩子的妈妈，就要少说教多倾听，多从小细节处发现孩子的想法，听他说他的烦劳。即使孩子并不能完整的表达出他想说的意思，也能让他感到妈妈是能够理解他支持他的，这自然能缓解他心中的紧张情绪，产生安全感，减轻烦恼，及时从困扰中抽离出来。

○ 理解孩子，小孩也会"心累"

小迪由于刚刚上了初中，对初中的学习和生活不太适应，所以每天疲于应对各科作业，对那些课堂小测验更是应接不暇，后来干脆书本连碰都懒得碰，总是用尽各种方法逃避上学，迟到、早退、赖床，无所不用其极，最后索性不再去上课。

小迪的父母很是着急，怎么劝说都没用。问她原因，她也只是说看不清黑板上老师的板书或者身体不舒服等。面对父母的责备，小迪的情绪也反反复复，今天说一定会努力，争取考上重点高中，明天又说不考了。

小迪的情况其实就是学习上的疲劳。学习上的疲劳分为两种，一种是生理性疲劳，这种疲劳用短暂的休息就能得到消除；另一种是心灵上的疲劳，这种疲劳单靠休息是不行的，小迪这种正是由于功课和考试的紧张所导致的心理上的疲劳。当孩子遇到类似于这种情况时，妈妈就需要严加注意了。

一般情况下，心理疲劳表现为无精打采，对曾经爱好的事物也提不起兴趣。举例来说，体育场上的运动员比赛，胜利的一方会因胜利的喜悦而冲刷掉疲劳而生机勃勃，失败的一方则通常会表现的懊丧不已，甚至会短暂地失去信心。即使提起精神应对下一场比赛，也会失去热情，丧失斗志。

别以为孩子年纪小，就不会感到疲劳。孩子同样会出现心理疲劳的现象，具体到行为上，就会表现为不想上课、不愿做作业、注意力无法集中、对父母过问学习上的事表现得极其不耐烦、上课打瞌睡、下课也不够活跃等。这种心理上的疲劳一般都不是突然发生的，而是长时间的压力过大导致精神紧张所造成的。长期在这种紧绷状态下，孩子就会因为精神后劲供应不足而产生心理疲倦，学习精神也随之衰竭。这就像心脏血液的供给，一段时间内处于高速供应状态，一旦出现纰漏，那么就很容易出现心脏衰竭的情况。

科学家研究表明，如果只讨论脑的话，大脑即使在工作8到12个小时之后，也完全感受不到疲倦。那么，孩子的这种疲倦感又是从何而来呢？

如果让一个成年人连续不断地做一件事情时，他也会感到厌倦，孩子就更是如此。厌倦的情绪会令人提不起精神，做事无力也无热情，进而形成心理上的疲劳。如果妈妈发现孩子已经有心理疲劳的迹象，就应帮助孩子放松，多和孩子唱唱歌、听听音乐、做做游戏等，多让孩子感受生活的乐趣，同时放松身体。有的时候，身体疲劳的减轻也有助于心理疲劳的缓解。

对孩子过高的期望也会给予他沉重的压力，进而造成心理疲劳。如果孩子达不到家人的期望值，就有可能会对自己的能力产生怀疑，甚至还会自暴自弃，这无论是对孩子当前的学习还是今后的生活都会造成极其恶劣的影响。身为孩子的妈妈，更要经常对孩子表达鼓励之情，巩固孩子的自信心，即使他取得了一丁点儿的进步，也要及时进行鼓励。成功是一步一步走出来的，即使孩子一时失败了，也要相信他，不要让他过于自责，因为一定的自我反省可以让人得到发展，但如果过于自我苛责的话，非但不会发展，反而会让孩子消极。

股神巴菲特曾经这样总结他的商业经，"我和你没有什么差别。如果你一定要找一个差别，那可能就是我每天有机会做我最爱的工作。如果你要我给你忠告，这就是我能给你的最好忠告了。"比尔·盖茨和巴菲特总结的也是差不多，"每天清晨当我醒来的时候，都会为技术进步给人类生活带来的发展和改进而激动不已！"可见，保持积极的心态，对所做的事情充满喜爱之情，是避免心理疲劳的最有效办法。

因此，妈妈就要在平日的生活中多挖掘孩子的兴趣，让孩子对所做的事情充满喜爱之情，让他摆脱疲倦的状态重新燃放出活力，这是最重要的。对于学习来说，不以分数为衡量孩子价值的区别，不做横向比较，多做纵向比较，和孩子一起理好近期和远期的奋斗目标，这是妈妈最应该做的事。

总而言之，当你的孩子对事情感到厌倦时，不如就让他停下来歇一歇,告诉他"妈妈理解你""你做到现在已经很棒了,对自己的要求要符合你自己的实际情况,不要过分苛责自己""只要你尽了力,无论什么结果,对于妈妈来说都是最好的"让孩子感受到来自妈妈的关心、理解和关爱,这是解除他心理疲劳的最有效的办法。

○ 开心的父母才有快乐的孩子

对每个妈妈来说,让孩子生活得幸福快乐,让孩子时刻感受到自己被爱和快乐所包围,是宁愿倾自己所有也愿意为孩子实现的。从某些方面来讲,孩子的幸福就是为人父母的幸福,当你忙碌一天回家,看到孩子那张洋溢着快乐阳光的脸时,便会觉得再辛苦也值得。

如何才能让孩子体会到幸福快乐呢?妈妈永远都是孩子的典范,一个懂得营造家庭轻松气氛,让家里充满温馨,懂得如何让生活轻松而快乐的妈妈,对于孩子的成长中所起的作用是老师或者孩子周围任何其他人都替代不了的。美国作家杜利奥曾说过,只有开心的父母,才有快乐的孩子。

金金是一名小学生,学习成绩优秀,还弹得一手好钢琴,同学们都很羡慕他有一个作曲家爸爸。可是金金却一直闷闷不乐的。有一次,金金去同学家里玩,这个同学家里条件没有自己家里好,但是家庭很温馨。回家的时候,金金拉着同学妈妈的手说:"阿姨,我真想住在你们家!"原来金金的爸爸总是忙于自己的工作，由于工作的特殊，爸爸的眉头总是拧得紧紧地，每当缺乏灵感他更是会大发雷霆。这种情况下，金金的妈妈总是一声不吭地躲进房间抹眼泪。

对于孩子来说，家庭是可以避风的港湾，即使受到再多伤害，只要一回到家，就能重获安全了。在一个幸福快乐的家庭里成长起来的孩子，比那些在不幸家庭里的孩子要幸福得多，因为他们从小被快乐的氛围所熏陶，自然就会有乐观的性格，遇到事情能以乐观的心态看待并积极地想办法去解决，而不是消极的逃避或者听之任之。

孩子的情绪很容易受到大人的影响。做一个快乐的妈妈，比做一个为了孩子而放弃了自己的快乐的妈妈，为孩子带来的幸福要更加的长久。有些父母省吃俭用一生，为孩子牺牲太多，每天很少有余力去开拓自己的兴趣，这也相当于放弃了自己的一部分快乐。每个人都有自己的精神世界，放弃了自己兴趣和快乐的父母无形中就会将自己放弃的东西寄托在孩子身上，这样一来免不了会为孩子带来压力。试想，一个背负了巨大压力且生活在没有欢声笑语的家庭里的孩子，又怎么能感受到快乐呢？

小林在和朋友的一次聊天中，回忆起了年幼时爸爸妈妈为了节省从未吃过一顿好的，从未穿过一件好衣服，感慨不已。于是，他下定决心："一定要舍得为自己花钱，平时多出去玩玩，和朋友到处逛逛，要让自己开心，不要想着为孩子省钱而放弃了自己的快乐。即使你已为人父母，也有享受自己生活的快乐的权力。"

小林的一位朋友对此也深感认同。她的妈妈是一位永远懂得如何追求自己的生活目标的人,"每次想到她,我就可以全身都充满活力去追求自己的目标,战胜困难。"

只有自己先感到快乐,才能带给别人快乐。只有家长自己心灵得到充实以后,才会由内而发出乐观积极的心态,并将这种乐观积极的心态传递给孩子。拥有物质上的一切并不代表快乐,真正的快乐是极易感染到他人、让他人从心里感到温暖和快乐的。营造和谐快乐的家庭氛围,将自己的快乐传递给孩子,就能让孩子更快乐。

要营造和乐的家庭气氛,妈妈不妨偶尔制造一些意外的惊喜。比如,圣诞节的时候给自己戴一顶圣诞帽,然后在孩子的鼻子上放一只红红的麋鹿鼻子,让他觉得很滑稽也很快乐。再比如,休息日带着孩子出门踏踏青,多接触大自然,给孩子一个可以接触新鲜事物的机会,培养他开朗豁达的心境。

有这样一个说法,"一个人一天需要4次拥抱才能存活,8次拥抱才能维持,16次拥抱才能成长。"当你心情愉悦的时候,就不要吝啬表达你的快乐心情,不妨笑出声来。有的家长为了保持威严,经常在孩子面前摆出一副严肃的形象,殊不知那只会让孩子不再敢与你接近,而笑声则能让你与孩子的距离更加贴近。妈妈们,不妨多笑一笑,在有益自己身心的同时,也能让孩子得到快乐。

○ 改变不了事实，就改变"想法"

换一种思维，往往能发现另一片天地。在成长的过程中，孩子不可避免地要经历许多挫折，有些挫折孩子可以应对，但是也有许多挫折孩子无法靠自己走过去。当孩子无法依靠自己的力量应对挫折时，妈妈不妨积极引导孩子从另一个角度来看待问题，在有效缓冲的同时，也能更好地来思考这个问题，从而找到问题的答案，最终带着他走出困扰他的这个难题。

《伊索寓言》里讲了这样一个现象。有一天，一只饿极了的狐狸在林子里四处闲逛，抬头一看，突然发现头顶上的葡萄架上挂着一串鲜嫩欲滴，紫红紫红的葡萄，于是狐狸不断往上蹦啊蹦啊，希望能够到那串葡萄，可是狐狸太矮了而那串葡萄又太高，最后只好以失败告终，狐狸一边离开一边悻悻地想，"那葡萄是酸的，我才不想吃呢。"

这个现象在心理学上被称作"酸葡萄心理"：当人们努力追求一件事情但是结局却失败时，为了冲淡心里的不适常常将之前追求的目标降低为自己不想吃的"酸葡萄"，从而在心理上得到安慰，压力也得到缓解。同样，当人得不到葡萄却只得到柠檬的时候，常常会把自己的柠檬想作是"甜的"，让自己觉得自己得到的是最好，人们把这个称之为"甜柠檬心理"，与酸葡萄心理合称为"酸葡萄甜柠檬心理"。

孩子在日常生活中，也经常出现这样的情况，比如孩子参选班级里的干部，最后却败给了另一个同学，那么他就会说"我只是去试试而已,当干部劳心又劳力。"虽然嘴上对同学是这么说,但是暗地里这个孩子就会暗暗分析自己失败的原因,然后加以补足,这样既能避免失败所带来的负面情绪,又能在原来的基础上得到更好的发展。所以,正确的应用"酸葡萄甜柠檬心理",对孩子日后的发展是有益的。

瑶瑶当了好几个学期的中队长,上学期又是三好学生,所以对于这次班级上的班长评选,她是十拿九稳的,看到老师一脸笑容地走进教室,瑶瑶情不自禁地挺直了腰背,等待老师的竞争选举开始的口令。

已经陆续有好几个同学毛遂自荐了,瑶瑶羡慕的同时也开始忐忑,正当此时,瑶瑶听到老师点了自己的名字,于是站了起来,小心翼翼地说自己也想当班长。

谁知刚一坐下,前排的同学小红立马就站了起来,大声地推荐了自己。瑶瑶羡慕他的勇气。老师让大家开始投票选举,结果出来后,瑶瑶惊呆了,小红竟然比自己还多了两票。大家开始纷纷祝贺小红,瑶瑶坐在位置上看了小红一眼,对她说了声祝贺。那天后来的几节课,瑶瑶都无法集中注意力。

对于心里十分有把握的瑶瑶来说,这次的失败无疑是一个巨大的打击。但是这个时候,班长的位置已定,也就是说已经既成事实,无法改变。既然无法改变事实,那么就改变自己的想法。与其深陷在自己负面的情绪里,不如想想"那个位置很忙,难免会影响到学习。"此类的想法,能缓解自己的压力,改变自己的想法，暂时的改变不代表放弃，而是为了弥补自己的不足，下一次能成功。

"酸葡萄心理"其实是一种积极的自我调节方式，避免走极端或钻牛角尖，家长应该积极的引导孩子从不同的方向看待问题，强化"酸葡萄甜柠檬心理"，作为缓解压力的调节剂，蓄势待发，消除心理紧张，减少攻击性冲动，让恶性刺激转化为良性刺激，促使孩子不断前进。

很多时候，只要引导孩子换一种思维方式，便能在拐角处发现一片新的天地。如果你的孩子要在一个班上拿第一名，但是没拿到，那么他心里应该想："枪打出头鸟，第一名有什么好。"让孩子不为失去第一名而感到自责和焦虑，反而放下包袱，暗暗加油，更利于及时调整心态，确立新的学习目标。让孩子正确认识到自己的优缺点，经常反省自己，合理的认识自己，从而更容易获得成功。有人做过调查统计，发现成年后最成功的那些人，往往并非求学时在班上经常拿第一名的学生，而是常常拿第十名的学生，即所谓"第十名现象"。

但需要注意的是，这种心理也不可经常运用，因为过度使用的话，就会容易将"酸葡萄"变为为自己开脱的借口，进而导致孩子缺乏进取心，形成不良的道德意识和行为习惯，就如同鲁迅先生笔下的阿Q，经常为自己所受的不公平待遇寻找不合理的理由，甚至会诋毁别人。

○ 爱能让孩子从沮丧中重生

如果家长总是对孩子提出过高要求，孩子又因为本身的原因不能达到的话，那么家长就可能会说出一些严厉的话来教育孩子，比如"你怎么这么笨，连这个都做不好""你看看隔壁家的孩子，他比你好多了""这题这么简单"等。孩子的心灵本就是脆弱的，他们也希望能做好一件事，但是一旦某件事情没能做好，没有达到家长的标准，被家长苛责的话，这就无异于往他们脆弱的心灵伤口上撒盐，会令他们对自己产生怀疑，变得沮丧不得志。心理学研究表明，当一个人长期处于挫折和失败所带来的不良情绪时，会产生绝望的感受从而对人生失去信心。

著名心理学家马丁·塞利格曼和梅尔做过对于以上现象的一个实验，他们将一只狗取来放进笼子里，笼子放一块隔板，这个笼子的一端由金属制作，所以一通电后，就会引起电击反应。但是只要狗越过隔板就能避开。

他们把这只狗安置在金属的一边，只要一通电，狗就跳过隔板跑到不是金属的一端，开始几次如此反复，又一次通电时，他们把狗约束住不让它跳过，又是几次狗挣脱不了只好在原地痛苦呻吟，后来，心理学家把约束解除不再约束狗的行为，可这时的狗已不像先前那样会跳过隔板，还是停留在原地痛苦不堪直到电击解除。

狗在多次电击无法逃脱之后产生消极反应，进而感到绝望，对可以生存的机会毫无反应，这种现象在心理学上就被称为"习得性无助"。这个实验推及于人，也得到了类似的效果：当一个人对某个事件多次努力但是都失败后，那么他就会停止尝试。如果这种情形出现得太过频繁，那么就会产生对凡事都无能为力的消极心理。

孩子也会如此。如果经常要面对现实对他的一次又一次的否定，那么他很容易会产生自责、自卑、无助和退缩心理，最终导致他对失败的经验产生习得，无法走出失败的圈子。当孩子在学习和生活中只能得到习得性无助，那么这些对于教导孩子成长的这个意义又何在？

王兰如愿以偿地进入了一所重点初中，这让她很高兴，学习也很刻苦，但是慢慢地，她发现比她刻苦的不少，成绩比她优秀的更是很多，这让一直是以前班上顶尖学生的王兰压力很大，于是在一次考试中，王兰只在班上排到了中等名次，还有她最得意的数学也只得了个刚刚及格的分数。这让王兰非常沮丧。

她没有放弃，继续努力。可是又一次摸底考试分数下来时，她的名次竟然又下滑了10名，这让王兰的自信心很受打击，班主任也叫她去了办公室，严厉的批评了她，她觉得自己很委屈，即使努力了也不能成功，未来变得十分渺茫，自那以后，尽管王兰还是在努力，但是成绩依然在下降。以前的辉煌已经成了遥远的过去式。

后来每次班主任找她谈话，她都只回答"我不行"，渐渐的，这三个字成了王兰的口头禅，作业也经常不做，上课不专心听课，放学也不再复习当天所上的科目。

缺少表扬的孩子会对自己缺乏自信心，从而对自己能做到的事产生畏惧心理，然后退缩，变得不再主动地做一件事，长此以往甚至会产生一种对一切都漠不关心的态度，对自己失去信心，对生活失去斗志。

漠视和责备可以让孩子在沮丧中沉沦，而爱则能让孩子从沮丧中重生。因此，要避免孩子产生习得性无助，最好的方法就是家人多给予理解和关心。当孩子遭遇失败或挫折时，妈妈无论如何都不应去指责孩子，而是应当给予爱和鼓励，肯定孩子做得对的地方，给予他积极的评价。

妈妈要给予孩子积极的评价，这不单是关于孩子的学习，还要在孩子的各个方面。比如，孩子今天体育课跳高跳出了一个新高度，这在以前孩子是做不到的，就要及时告诉他这非常棒，让孩子感受到妈妈的爱，并且让孩子的情感围绕在他身边。给孩子营造一个充满安慰，适宜鼓励的环境，让孩子觉得不孤单。

俯身看看孩子的眼睛吧！让孩子不用再仰望你的目光，"加油你可以的""做得很好"这些亲切的语言则能让孩子备受鼓励，让孩子相信自己是可以做到的。创立一个轻松自在的环境，善于发现孩子的闪光点，对孩子进行积极的评价，让孩子在充满爱的环境中自如发展，这是每个称职的妈妈都应该做到的事情。

第二节
及时扑灭不正常的小火苗——消除孩子的心理障碍

○ 恐惧症：生活是黑暗的

涂涂今年9岁了，是个勇敢、坚强的小小男子汉，打针的时候眉头都不皱一下，平时最喜欢带着小朋友玩探险游戏。可是，有一天涂涂和小朋友玩的时候，不知道从哪里蹿出一只野猫，涂涂一见，立刻打了个哆嗦，大叫一声，转身没命地往家里跑。原来，涂涂最怕猫了。还是涂涂小的时候，妈妈带涂涂去公园，把他放在长椅上。忽然有一只猫被淘气的孩子追得慌不择路，竟然一下子跳到了涂涂的脸上，还把他抓伤了，涂涂吓得大哭。从那时开始，涂涂就非常怕猫，连动画片《猫和老鼠》都不敢看。

其实，涂涂怕猫是恐惧症的一种表现。

儿童恐惧症，是指儿童对日常生活中一般客观事物和情境产生持续的、不现实的、过分的恐惧、焦虑，达到异常程度。

虽说恐惧心理是一种痛苦的情绪体验，但它是一种自我防御机制，它会促使人们快速离开危险的环境和物品，显然是有利的。正常儿童对一些物体和特殊情境，如黑暗、雷电、动物、死亡、登高等会产生恐惧。每个儿童都要经历由不怕到怕的心理演变。

不过儿童的恐惧也分异常和正常两种。如果儿童的恐惧程度轻、时间短,没有超越儿童的年龄、认知水平和环境,则可以视为正常。反之,如果恐惧持续的时间较长,超越了儿童的年龄、认知水平和环境,或明知某些物体或情境不存在危险,却产生异常的恐惧体验,就应当视为异常。患儿会由于恐惧产生退缩或回避行为,不易随环境和年龄的变化而改变,任何劝慰、说服、解释都没有用,严重影响着儿童的正常生活和学习。

儿童恐惧症根据内容可分为三大类。对损伤的恐惧,如怕鬼怪、怕受伤、怕出血、怕生病、怕死等;对自然事物和现象的恐惧,如怕黑、怕高、怕打雷、怕动物等;社交性恐惧,如怕陌生人、怕上学、怕考试、怕当众讲话等。

儿童恐惧症是一种心理性的问题,最有效的办法是心理治疗。首先应明确引起恐惧的诱因,然后有针对性地进行治疗。

认识治疗法:帮助患儿建立治疗信心。分析恐惧对象,使患儿充分了解怕的对象,从而正确评价自身及恐惧对象。

暴露治疗法:将患儿骤然呈现在恐惧对象之前,刺激其建立对恐惧对象的正确认识。这种方法治愈速度快,但是刺激性太强,患儿必须有一定身体条件。

最为常用的方法是系统脱敏法,这是目前被认为治疗恐惧症最安全而有效的行为治疗方法。即设定阶梯性恐惧值,循序渐进地消除其恐惧心理,先用轻微的较弱的刺激,然后逐渐增强刺激的强度，让患儿逐渐适应，使之对刺激的恐惧程度逐渐降低，最后达到消除恐惧症的目的。

引起儿童恐惧的原因多种多样，但主要是两种因素：先天遗传和后天习得。研究发现，多数儿童恐惧症的起因是后天习得的，也就是说，儿童生长所处的环境和接受的教养方式至关重要。比如家长对不听话的孩子采用恐吓的办法，当着孩子的面毫无顾忌、绘声绘色地讲述一些可怕的情形等，会造成儿童恐惧心理，严重的会形成恐惧心理障碍。过分严厉和教条化的教育，过分粗暴或压抑的环境，也会诱发儿童恐惧症。

家长要注意从细微处做起，防患于未然，防止儿童异常的恐惧。有意识地防止将自己的恐惧传达给孩子，注重培养孩子独立生活和解决问题的能力与胆量，对孩子不理解的事物进行解释，尽量避免孩子接触恐怖书刊和影视，平时鼓励孩子多交朋友，多做交流，培养孩子乐观向上的生活态度，如果孩子的恐惧并不严重，对正常生活和学习没有影响，就没有必要渲染和过分关注，可以直接忽视，让孩子在成长的过程中慢慢适应。

○ 抑郁症：童年是灰色的

洛洛是老师和家长眼中的好学生、好孩子，学习成绩好，每门功课都很优秀，家长也以此为傲，对她抱有极高的期望，老师也经常表扬她，要小朋友们都向她学习。有一次考试，洛洛因为发烧，身体不舒服，精神不集中，没有考出理想的成绩。慢慢的，大家发现，洛洛变得沉默寡言，也不爱和小朋友们玩了，上课的时候发呆，整天都没精神。家长以为洛洛生病了，带她到医院也没检查出有什么问题。医生认为洛洛是因为家长和老师的过度期望，心理压力太大，加上第一次遇上挫折（考试失利），精神受创，患上了儿童抑郁症。

到底什么是儿童抑郁症呢？

儿童抑郁症是指由各种原因引起的发生在儿童时期以持续心情不愉快、情绪抑郁为主要特征的心境障碍或情感性障碍。抑郁对儿童的身心发展十分有害，会使儿童心理过度敏感，对外部世界采取退缩、回避的态度，对儿童身体成长也有不利影响。

一般来说，儿童在日常生活中因遇到挫折等而表现出悲伤、焦虑等情绪都是正常的，通常随着时间过去，都能自己调整好，重新高兴起来。但是，如果儿童在环境改善后仍不能摆脱抑郁的心境，并导致不能正常进行生活和学习的，那很可能是患上了儿童抑郁症。

儿童患上抑郁症会在情绪、身体、行动上有所改变。情绪上，抑郁症儿童会突然变得沉默寡言、情绪低落、胆小怯懦、对事情没有兴趣、常伴有自责自罪感等。身体上，抑郁症儿童会出现食欲不振，睡眠障碍或嗜睡，疲劳乏力、胸闷心悸等不适症状。行动上，抑郁症儿童一般有两种表达形式：外向型症状和内向型症状。外向型表现为脾气暴躁、冲动不安、喜欢顶嘴等，内向型表现为注意力不集中、经常发呆，与同学关系疏远等。

儿童抑郁症的诱因有很多种,主要是心理刺激方面。比如受到歧视或者虐待,使儿童心灵受到创伤,长期处于自卑状态,认为自己处处不如人,抑郁成疾;家庭动荡、失去亲人、父母离异等使孩子心灵蒙上阴影;家长期望过高,管教过严,超出孩子承受能力,导致其压力过大,情绪紧张;儿童生活环境闭塞,缺乏交流,感情压抑,情绪不能充分发泄等。

家长作为孩子最亲密的人,也应该是帮助孩子远离抑郁的最好的医生。

营造温馨愉快的家庭氛围。父母在孩子面前要注意自己情绪的表达,避免专制的家长作风,关心孩子,尊重孩子,理解孩子,多跟孩子进行交流,接受孩子的倾诉,让孩子充分体会家庭生活的亲密和温馨。

鼓励孩子多交朋友。多组织孩子们的集体活动,教会孩子与他人融洽相处,培养孩子广泛的爱好和乐观宽容的性格,让孩子在交往中体会友情的温暖。

对孩子的教育要适度。根据孩子自身的能力和兴趣进行培养,不要对孩子期望过高,避免对其造成心理上的压力,适量给予孩子一些时间和空间,让孩子自由发展。

提高孩子抗压抗挫折能力。对孩子克服困难给予充分的肯定和鼓励,培养孩子的自信心和应对逆境的能力,避免过度保护,教孩子学会忍耐,在困境中寻找精神寄托,如运动、书画等。

对已出现抑郁症状的孩子,首先要分析孩子抑郁的原因,消除环境因素的影响,此外,要帮助孩子建立积极的态度,指导孩子调整情绪并进行适当的发泄,如:倾诉、哭泣等,释放消极的情绪,恢复心理的平静;陪孩子做一些开心或是振奋的事情,以愉快的心情抵消消极情绪;实行目标激励,帮助孩子树立目标,使孩子有方向感。也可根据具体情况采用药物治疗或者心理治疗。需要注意的是,儿童抑郁症严重时会伴有危及生命的消极言行,对于有自杀倾向的孩子,家长要高度警惕,严密监护,并请心理医生进行长期治疗。

○ 缄默症:沉默不语

小牧从小就胆小怕生,家长带他出去,碰到了熟人,他都躲在父母身后,问他话也不回答。妈妈以为是孩子个性胆小、害羞所致,以后长大就好了,也没有重视。谁知道,小牧上学后情况就更严重了,不但不喜欢和别的小朋友一起玩,老师点到他回答问题时,他也不说话,要不就是用点头或摇头来回答。老师将情况跟妈妈讲后,妈妈很奇怪,小牧在家和邻居的小伙伴也玩得很开心,除了胆小一点,也没有什么不正常的。

其实,这是儿童缄默症的表现。

儿童缄默症是指患儿智力发育正常,言语器官无器质性损害,但不愿用语言表达自己的意见或回答问题,取而代之以书写或手势或摇头、点头的动作与人交流,表现出顽固的沉默不语。

缄默症患儿并不是不能说话,他们有正常的言语理解及表达能力，只是因为心理作用的影响，导致他们不愿意说话，其实质是一种社交功能性障碍。

缄默症根据儿童在不同环境中的表现，可以分为全面性缄默和选择性缄默两种类型。前一种类型的儿童在任何场合中都不喜欢说话，或者是拒绝说话；后一种类型的儿童在已获得了语言能力后，因为心理或精神因素，在某些场合中始终保持沉默不语，"缄默"状态对环境和对象具有高度的选择性。

选择性缄默症多在儿童3~5岁的时候发病，胆小、害羞、孤僻的儿童身上多见，女孩发病率高于男孩。大多数患儿在陌生环境中表现为沉默不语，长时间一言不发，但是家里或是熟悉的人面前讲话，甚至表现活泼，如父母、亲人、某些小伙伴等。少数患儿正好相反，在家不讲话而在学校或陌生场合讲话。缄默时，患儿会采用动作手势等代替语言来表达自己的意见，如点头、摇手等，或仅用简单的字眼来表达，如"是""不""要"等，偶尔也会用写字的方式来代替，部分患儿拒绝上学。

儿童发生缄默症的原因很多，有儿童自身性格因素，如患儿往往具有敏感、胆小、害羞、脆弱等性格特征；有家庭因素，如家庭封闭、隔代抚养、父母过于保护等；有发育因素，如语言能力发育延迟、功能性遗尿等发育性障碍；也有心理因素，如在受惊吓、初次离开家庭、环境突变或其他明显的精神刺激后发病。部分缄默症病例与遗传因素有关。有部分观点认为，儿童保持缄默是出于自我保护，排遣不安的心理感受。

儿童缄默症会严重影响儿童的正常生活和社会性发展，因此一旦发现征兆，要尽早治疗。缄默症是心理障碍，治疗上应以心理治疗为主。

避免刺激。尽量避免各种会给孩子造成心理影响的刺激，消除紧张因素，提供平和安宁的生活和学习环境，鼓励孩子积极参加各种集体活动，引导孩子学会和别的小朋友交往，邀请老师或小朋友到家中做客，在孩子熟悉的环境中同客人进行交流，培养孩子广泛的兴趣爱好和开朗豁达的性格。

营造宽松自在的家庭环境。家长要戒骄戒躁，改善家庭关系，减少对孩子的粗暴呵斥，营造温馨和谐的家庭氛围，不要让孩子生活在恐惧和紧张之中，解除孩子的心理压力和困扰。

淡化言语问题。对于孩子的缄默，不要过分关注，否则孩子很难放松下来，更不能逼迫孩子讲话，以免进一步加重孩子紧张焦虑情绪，甚至出现反抗心理。可以采取转移注意力的方法，如陪孩子做游戏、讲故事、外出游玩等，分散其紧张情绪。

诱导矫正。对孩子多鼓励，当孩子主动和客人交流时，包括眼神、手势、躯体姿势、言语等，要给予赞扬，孩子一开口，就要及时地鼓励，增强孩子的自信心。也可以用孩子最想要、最喜欢的东西作为奖励，诱导孩子说话。

每天半小时。家长每天固定至少半小时时间同孩子说话，跟孩子聊他们喜欢的话题，如喜羊羊、灰太狼、奥特曼等，并允许孩子不做回答，消除孩子内心的紧张和焦虑。

症状较重的患儿要在医生的指导下采用药物治疗。

○ 感觉统合失调：都市儿童的流行病

杰瑞5岁了，长得聪明可爱，亲戚朋友都很喜欢他。刚上幼儿园的时候，也很受老师和同学们的欢迎。可是，幼儿园老师渐渐发现，杰瑞很不适应幼儿园的生活，他上课的时候注意力不集中，东张西望；吃饭时习惯用手抓不会使用筷子，爱挑食；做游戏的时候，动作总是比别的小朋友要慢。杰瑞的妈妈很困惑，他担心孩子是不是生病了。后来，妈妈带杰瑞到一家儿童医院进行检查的时候，看到很多情况类似的孩子，经医生介绍，妈妈才知道杰瑞患上了感觉统合失调症。

感觉统合失调症又称为"神经运动机能不全症"，是一种中枢神经系统的障碍问题，是指外部进入大脑的各种感觉刺激信息不能在中枢神经系统内形成有效的组合，使机体不能和谐的运作而产生的一种缺陷。

感觉统合失调症多发生在五六岁至十一二岁的儿童身上。通常，这些孩子智力发育正常，却有学习或行动上的障碍。患有感觉统合失调症的孩子，常表现出，手脚笨拙、动作不灵活、不协调；阅读困难，经常从一行跳读到另一行去；经常分心，走神儿，注意力不集中；说话口齿不清或是意思表达不准确；胆小腼腆，与人接触特别的害怕紧张；胆大鲁莽，做事冲动不计后果；不喜欢被触碰，防御攻击性强，不容易与别人建立情感交流。

是什么引起儿童的感觉统合失调症呢？其原因主要有三个方面。第一是孕妇在孕期不当的饮食、行为习惯，如孕期孕妇营养不良或是吸烟，饮酒，饮浓茶、咖啡等；第二是哺育期间如果父母对孩子溺爱、过度保护，都会促使感觉统合失调的发生；第三是幼儿培养期教育方法不当，如让幼儿过早地接受认知教育，对孩子造成精神压力；过多的纵容孩子，导致孩子放任不服管教；给孩子提供的生活环境过于封闭，导致孩子封闭胆小。

儿童感觉统合失调意味着儿童无法控制身体感官和支配身体协调活动，会在不同程度上削弱儿童的认知能力和适应能力。会严重影响儿童的健康成长，在学龄期时，在学习能力上会出现障碍；到了青年期，工作、交际、适应能力都会出现问题；走上社会后会影响正常的生活。

一般来说，感觉综合失调的儿童智力很正常，很难引起家长的重视，从而贻误最佳治疗时机。其实通过进行专业训练，儿童的感觉统合失调是可以缓解和治疗的。一般来说 3～13 岁是"感觉统合失调症"最佳治疗时间。心理专家通过测查，诊断孩子的感觉统合失调程度和智力发展水平，制定相应的训练课程，通过一些特殊研制的器具，以游戏的形式让孩子参与，一般经过 1～3 个月的训练，就可以取得明显的效果。但是，感觉统合失调超过 12 岁就会定型化，影响孩子的一生。

所以对于家长、老师来说，要注意观察孩子在各项感知能力方面的发展情形，善于发现了解儿童某些行为背后的因素。面对孩子的不听话、不懂事，切记责备惩罚孩子，因为他们可能控制不了自己。研究表明，几乎所有的孩子都存在感官失调，只是表现轻重程度不同。

家长要学会正确引导教育孩子，提供合适的玩具来帮助孩子各项感知能力的均衡和谐发展。平时在生活中，多和孩子玩感觉游戏，如连续吹大小不一的泡泡，玩滑梯，走"独木桥"，玩滚筒等，让孩子在玩耍中建立愉快的情绪和良好的自信。

○ 孤独症：蚂蚁比小伙伴更有吸引力

已经四岁的小鑫平时不怎么爱说话，近几个月来越来越沉默寡言。他不喜欢跟同龄的孩子一起玩耍，总是一个人躲到角落，对身边的事情没有任何兴趣和疑问；并且每天都在反复而毫无目的地翻着同一本书。小鑫在幼儿园也是整天一个人待在旁边，不与其他小朋友交往，明显愿意离群独处。这些奇怪的行为被幼儿园的老师发觉，于是幼儿园的老师及时向小鑫的父母反映，而小鑫的父母同样发现，小鑫对于身边的亲人的感情很冷漠，对身边发生的一切事情都没有什么反应；即使对于妈妈的关心他也不在意。

小鑫到底是怎么了？又是什么原因导致他现在的状况？经医生诊断，小鑫是患上了儿童孤独症。

在当今社会儿童孤独症是一种多发疾病，它发病年龄主要在两周左右,并且男孩患病概率大于女孩。儿童孤独症的症状主要有:言语障碍,患儿症状主要体现在平时很少主动与周围人交流,并且对于周围人有种"恐惧"的状态,整天沉默寡言,异常的安静;情感冷漠,对于父母朋友的感情没有回应,神情低落;喜欢独处,对于周围发生的事情没有兴趣,主观没有参与的意愿,并且表现出"逃避"的状态;语言能力缺乏,患儿不善于并不主动与人交流,会用一些肢体语言来表达自己内心想法,表现出"懒惰"的状态;智力底下,多数患儿智力较于常人低下,患儿平时会把自己的感情倾注于如一个毛绒玩具,一个杯子,并产生依恋的神态,平时会把它们作为倾诉的对象,较于家人,患儿更喜欢选择跟它们说话。

儿童孤独症的病因至今尚无定论,但较为明确的是不大可能由心理社会因素引起,可能与遗传因素、器质性因素以及环境因素有关。有资料表明至少有一部分病因与遗传有关,患儿家族中患孤独症和语言障碍的概率较正常人群高;脑损伤、母孕期风疹感染等器质性损伤也可能导致儿童孤独症;有人认为幼时生活单调,缺乏适当的刺激,没有教以社会行为,是发病的重要因素。

据不完全统计我国现在儿童孤独症的患儿有 60 多万,平均 1000 个小孩子中就有 4 个儿童孤独症患者,并且每年还在成上升的状态增长,目前我国还没有成形的治疗方案,心理治疗是目前采用最多的最有效的方法。

家长如果发现孩子有以上的状况应尽早采取措施，6岁以前为治疗的最佳时期，家长可以尝试干涉教育的方式，比如花更多的时间多陪陪孩子，例如讲故事、做游戏等让孩子通过故事、游戏等活跃思维并主动表达他们内心的想法，每天跟他们谈谈一天的所见所闻，了解孩子思想的变化，平时多注意发现并培养孩子的兴趣，让孩子的好奇心得到肯定，另外可以采用药物、针灸等方法。做父母的对于孩子要善于表扬，而他们做错事要耐心的解释让他明白什么是错的，怎样才能避免，以后应该怎样做，过分惩罚会导致抵触而不与父母交流。

○ 怀疑癖：樱桃到底什么颜色的

有一次，鹏鹏家来了一个客人。妈妈端出了樱桃来招待她，这位客人拿起一颗樱桃，逗鹏鹏："鹏鹏告诉阿姨，这个樱桃是什么颜色？"鹏鹏犹豫了半天，还是没敢说出是什么颜色，只是一直看妈妈。妈妈催他快说，于是他怯怯地问："妈妈，是红色吗？妈妈，我不知道，你告诉我吧！"

这个孩子为什么如此不自信呢？即使自己清楚地知道樱桃是什么颜色，仍然要向妈妈来寻求所谓的"正确答案"。在现实生活中，为什么总是有人喜欢依赖于他人，让别人来做决定呢？

其实是这些人害怕犯错误，一直在逃避可能出现的不良后果。在这种心理状态下，他们一步一步地，跟在别人后面，直至变成一个没有主见，完全依赖他人的人。其实这是一种心理病态,被称作"怀疑癖"。"怀疑癖"的最明显症状就是不能独立做决定,同时当事人也会陷入深深的痛苦之中。

在一家专治神经错乱的医院里,有这样一位"怀疑癖"的病人。他喜欢一遍又一遍地检查垃圾桶,这是为什么呢?原来他是担心有价值的东西被忘在了垃圾桶里。甚至在他决定要带走垃圾的时候,还会拎着垃圾爬上楼梯,挨家挨户地敲门,询问各家各户的垃圾桶里是否有值钱的东西,直到确信没有后才能离开。但是过一会儿,他又会返回来,再次确认垃圾桶里是否有值钱的东西。人们只能反反复复地告诉他,垃圾里没有任何值钱的东西,你可以放心了。他终于决定离开了,仿佛已经放心了。可是过了一会儿,他又回来了!他再次询问:"我真的可以放心了吗?"人们只有再次告诉他:"你确实可以放心了!"但是他无论如何都不肯相信,直到他妻子出现并把他强行拉走。

上面的例子是"怀疑癖"的典型案例。其实这种情况在日常生活中并不少见,只是程度有深浅而已。比如,一个人准备出门,当他锁门之后,会下意识地将锁摇动几下,更有甚者会在走出十几步之后折回来,重新拽一下锁,检查自己是否真的把门锁上了!虽然他清楚记得自己已经锁上了门,但是他仍然不能相信自己。这种情况在小孩身上也很常见,许多孩子在睡觉前都会检查一下床底是否有猫、狗或者昆虫之类的东西,其实这也是怀疑癖的一种表现。

家长们总是喜欢用自己的地位来强行要求孩子要这样做,不能那样做。我们总是从自己的角度出发，告诉孩子什么是正确的，什么是错误的。其实正是在这样的殷切关怀和教育下，我们毁灭了孩子自己做决定，做判断的能力，把孩子变成了教育的牺牲品。所以家长们要警惕这种一方面期待孩子长大，另一方面却又在压制孩子长大的行为，时刻提醒自己孩子是一个独立的人，他们有自己的思想和想法。家长不要把自己的思想强行塞进孩子的脑子里，让他们丧失自己的思考和决定的能力。

○ 强迫症：不断洗手的孩子

军军上小学三年级，学习成绩优秀，平时也很乖，不淘气，爸爸妈妈一直很放心。可是大概从一年前开始，妈妈发现，军军好像太爱干净了：每天要洗手几十次，说手上脏，沾了灰尘、细菌等；明明衣服刚穿上没多久，就非得让妈妈给洗，洗好晾干后还要再洗一次；他的东西别人碰到了就立刻扔掉；书也不看了，怕书上有脏东西；整天觉得周围很脏，精神紧张，连学校也害怕去。妈妈很担心，带军军去医院咨询，医生经详细诊断，认为军军患有强迫症。

强迫症是一种明知不必要，但又无法摆脱，反复呈现的观念、情绪或行为，是一种较常见而且较顽固的心理障碍。患者虽然意识到这些观念、意向、行为是不必要的或毫无意义的，但就是难以将其排除。

有数据统计发现，有半数成年强迫症患者起病于儿童时期。

儿童强迫症多见于 10～12 岁的儿童，患儿智力大多良好，通常特别爱清洁，多数性格敏感、胆小害羞、谨慎，办事刻板、拘谨、要求完美。

但是，这也并不是说孩子出现重复行为就是得了强迫症，正常的儿童在其发育阶段，也可能会出现一些类似强迫症的现象，比如：走路的时候踢小石子，不受控制地碰触周围一些东西等习惯性动作。然而，这些动作没有痛苦感，不伴随有任何情绪障碍，对儿童正常的生活和学习没有影响，而且会随着年龄的增长而自然地消失，所以，这些都是正常的现象。

强迫症患儿除上述情况以外还有其他强迫性症状，主要为强迫行为和强迫观念。其症状表现也多种多样，比如：强迫性计数，反复数路灯、电线杆、吊灯、图书上人物的数目等；强迫性洁癖，反复洗手、反复擦桌子、过分怕脏等；强迫性疑虑，反复检查门窗是否关好，反复检查作业是否完成，反复检查东西是否摆放整齐等；强迫性观念，反复回忆某些事物，反复考虑一些无意义的问题等。

强迫症患儿的强迫行为多于强迫观念，而且年龄越小这种倾向越明显。通常，患儿并不会对自己的强迫行为感到苦恼和伤心，只是刻板地重复强迫行为而已。如不让患儿重复这些动作，他们反而会感到烦躁、焦虑、不安，甚至发脾气。

引发儿童强迫症的原因有很多，一般认为与儿童的气质类型、父母的性格影响、教养方式、精神因素等有关。患儿性格大多敏感内向、胆小拘谨、不活泼、行为古板；父母性格过分谨慎、缺乏自信、优柔寡断、过于克制自己，有洁癖、强迫行为，也会对儿童造成一定影响；父母对孩子过分苛求、管教严厉、责骂过多，也可诱发本症的发生；孩子患严重疾病、受到突发事件刺激、精神长期处于过度紧张状态等，也可能成为该症的诱因。

对儿童强迫症的治疗应以心理治疗为主。家长要注意纠正自己的不良性格，如特别爱清洁，过分谨慎，优柔寡断等，控制自己的焦虑情绪，以乐观积极的态度给孩子树立榜样。平时要注意不宜过度压制孩子的行为，要给孩子一定的自由空间。帮助孩子树立自信心，鼓励孩子对自己要有正确的评价，创造条件让孩子多获得成功，同时也要让孩子了解到，凡事不可能尽善尽美，总会有一些困难出现。培养孩子多方面的兴趣爱好，转移孩子的注意力，鼓励孩子多参加集体活动，多交朋友。当孩子出现强迫现象时，指导孩子用意念努力对抗强迫现象，放松心情，告诉孩子这些行为没有意义。也可用行为对抗疗法帮助孩子矫正，如拉弹手腕上的橡皮圈，来对抗强迫现象，经过训练，逐渐减少拉弹次数等。如果孩子强迫症状比较严重，则需要在医生指导下，辅以药物治疗。

第三节
给孩子一个宣泄情绪的出口

○ 坏情绪，不疏导就可能会"决堤"

可能有许多人都觉得孩子的哭声很让人心烦，不理解为什么孩子会为一丁点儿小事就哭。"哭"这个字，很显然是不被家长所喜欢的，只要孩子一哭，家长就会利用家长的身份命令孩子不要哭了。

很多幼儿园老师经常说一句话——"爱哭的孩子不是好孩子"来遏制孩子哭泣，很多家长也会用各种方法逗正在哭泣的孩子，转移他的注意力，让他停止哭泣，或是干脆直接大声呵斥命令他停止哭泣。孩子接收到大人的这些信号，就会认为所有的大人都不喜欢爱哭的孩子，自己如果总是哭泣的话就不会再得到人们的喜爱和认同。慢慢地，孩子就开始拼命忍住哭泣，时间久了，一些更麻烦的问题也就随之而来了。

人会有许多种情绪，诸如高兴、愤怒、不满、伤心、兴奋等。在这多种多样的情绪里，有些是积极的，对身体有好处；有些则是消极的，对身体有害。一旦某种对身体有害的消极情绪产生且没有立即释放，日积月累，长期的压抑就会造成情绪的堵塞。情绪的堵塞带来的效应是一连串的，如产生无力感、疲倦感,严重者甚至会出现胸闷气短、心脏疾患等病症。

为了避免孩子出现以上后果,妈妈就必须帮助孩子及时疏导消极情绪。在孩子还无法自如地控制自己的情绪的时候,帮他找到一个宣泄口,让消极情绪从这个口一起倒出去,让孩子保持身心的愉快与健康。

一天夜里,王女士突然接到一个电话,电话里的声音来自于一个陌生的小女孩,还没等王女士开口问对方是谁,那个女孩就开始说话了,"我讨厌他们!"

王女士觉得一头雾水,就问道:"他们是谁?"

"同学,朋友,老师,父母。"

这个时候王女士已经确定对方是打错了,于是告诉女孩儿她不是她要找的人。

"同学不喜欢我,成绩出来后很差老师也不喜欢我,朋友和我疏远,父母也不知道我要说的意思,我讨厌死他们了!"

王女士不再说话,也没放下电话,静静地听女孩说着她的话,到最后,女孩儿放下电话前说了一句,"阿姨谢谢你,我只是想找个人说话,现在我心里舒服多了,谢谢你。"

例子中的女孩郁结却找不到人说出心里的感受,于是就随便打了个电话打给了王女士。女孩在将心中的不快倾吐而出以后,郁闷的情绪也就得到了释放。

对于善于控制自己情绪的人来说,疏导情绪的方法有很多种,如听音乐、打篮球、与朋友倾诉等。但是对于孩子,当他不能和朋友或者父母完全表达自己的意思的时候,或是不能以写字的方式排解烦劳的时候,除了哭,还有什么办法呢?

孩子生下来在这个世界上第一件学会的事情就是哭,渴了会哭、饿了会哭、着急会哭、被他人吵醒了会哭,长大一点,被人欺负受了委屈同样还是会哭,哭完以后歇一歇,然后就忘掉这件事情继续开心地玩去了。但是,如果家长硬要孩子别哭,要孩子压抑着,那么他的坏情绪就没有出口,再加上年纪小小的孩子也不懂得用其他方法排解,日子一长,他的情绪就会堵塞,然后就会在某一天、某一件事情的刺激下突然"决堤",无法收场。

妈妈可以引导孩子多听音乐,在孩子学会写字以后让孩子把事情记下来,情感得到寄托,或者多带孩子出去游玩,让孩子身心得到放松,同时将所有不良的情绪通通释放出来。当然,一些孩子发脾气也不一定是宣泄不良情绪,而是一种要挟。当他提出的要求不能得到满足时,他便会发脾气,比如摔东西、在地上打滚等。这个时候,如果妈妈因为害怕伤害到孩子而一味地迁就,就会助长他的气焰,让他学会以这种方式要挟家长,这对孩子的成长就极为不利了。所以,一旦孩子出现了这种要挟式的行为,妈妈就要记得采取"冷处理",任由他发脾气大吵大闹。等到他冷静下来之后,就要及时纠正他的错误,告诉他发泄情绪可以,但要用正确的方式。

孩子和成年人一样,都需要给坏情绪一个出口,从而保持健康的心境。未成年的孩子并不太懂得如何处理自己的情绪,他们继续在成人的帮助下逐渐建立自己的一套正确的发泄情绪的方法，而妈妈则是孩子最好的帮助者。充分理解孩子，给孩子的坏情绪找一个出口，让它得以释放，与此同时多告诉孩子一些处理情绪的方法，就是对孩子最好的支持与帮助。

○ 不给压力留任何储存空间

当孩子不听话的时候，家长有时会开一句玩笑说，睡一觉起来鼻子就会变长，于是孩子每天晚上都担惊受怕地去睡觉，然后早上醒来第一时间就会起来看看自己的鼻子有没有真的变长。家长爱孩子关心孩子的这个事实毋庸置疑，但是有的时候也须谨慎对待，不要因为无心的言语而为孩子带来压力。

有些家长常常会在不经意间对孩子说出一些话，这些话是无心的，说完可能就忘了，但是许多家长可能没有想过：一句无心之失，也许就会给孩子幼小的心灵留下不可磨灭的影响。例如，在家长看到别人家孩子如何优秀的时候，总是不可避免地要拿来和自己的孩子做比较。这样一来，"别人家的孩子"就会让孩子感到永远差人一等，压力也会随之而来。父母望子成龙的心情可以理解，但是在举这个实在不太明智的例子的时候，只能是让孩子看到自己的缺点，这种行为简直就是得不偿失。

"学习就是他们的任务""不愁吃不愁穿，小小年纪哪儿来的压力""我们是为了他们好"这些话父母是经常挂在嘴边的，孩子最开始会感到排斥，久而久之会对这些话感到麻木。等以后孩子长大了再来回忆,第一浮现在脑海的,恐怕就非这几句话莫属了。这种现象在心理学上被称作"瀑布心理效应"——表面平平静静,但是底下却波涛汹涌,暗流涌动。这种现象在许多不利于孩子成长的家庭中都普遍存在。

小年很听父母的话,从小就被母亲教育成绩必须位列年级前十名,不能对父母说一个"不"字,精神压力过大,母亲对他永远一副冷若冰霜的脸。家里什么事都要定个规矩,小年自己完全没有自主权。

有的时候他想跟母亲谈一谈心里的想法,但是都会被母亲说到学习成绩上,渐渐的,他不再跟人讲心里的事,在学校受了委屈也不敢回家说,只有取得好成绩的时候才能换来父母的笑脸。

时间长了,小年便患了一系列心理疾病,不去上课,丢东西,直到被当地医院诊断为人格障碍。

教育不是一种产业,孩子更不是一种标准化产品。孩子的压力很大一部分源于父母。强迫是造成孩子压力的最常见根源,"父母只看结果,不重过程""父母规定了我的一条路,却不重视我的兴趣特长""家里压力大,给我的压力就更大"。这些都是不堪重负的孩子们的发自肺腑之言,而这些也正是容易被父母忽视的地方。

孩子在渐渐长大的过程中,所接触的事越来越多,接触的人也越来越多,烦劳压力也自然纷至沓来,令他们不能再像小时候那样无忧无虑。有的时候,孩子也不愿意凡事都向父母诉说了,他们更多时候会选择将苦闷和压力藏在自己的心中,殊不知这对心智并未成熟的孩子来说是极其危险的。孩子不断将压力背负在自己的身上,等到某一天他们稚嫩的肩膀无法再承受时,他们就有可能会做出伤害到自己或是伤害到别人的事情。

因此,作为最关心孩子的妈妈,就要在平时生活中多注意孩子的变化,当察觉出孩子情绪不稳定、很焦虑时,要主动以朋友身份,用温和的语气与孩子沟通交流,了解孩子压力根源的所在,理解并支持孩子,扶他们一把,用爱去安抚他们无助的心灵,帮助孩子释放压力,不给压力任何储存的空间。妈妈可以在孩子学习、考试倍感压力时,为他们讲一些笑话故事,制造轻松开心的气氛,用微笑传递温情,驱散孩子心灵的重担。

○ 让孩子在涂画中发泄情绪

"晨晨,你画的是什么?"

"画的是房子。"

"这是谁家的房子?"

"圆圆家的。"

"他们家的房子为什么是黑色的?"

"是啊,就是黑漆漆的。"

"啊,为什么他们家的房子突然起火了!"

只见晨晨拿着一只红色的水笔把画面全都涂满,一片大火烧得激烈。

这是一个妈妈和孩子的对话。因为晨晨妈妈和晨晨爸爸经常忙得照顾不了他，而晨晨本身又比较内向，在学校经常被圆圆欺负，所以这次偶然的绘画机会让晨晨找到了一个发泄心里情绪的方式。晨晨妈妈没有弄懂晨晨这幅图画的意思，所以很吃惊。

父母要弄懂孩子的这些绘画意思，就应该结合孩子的行为、语言、心情，来解答这些图案背后的意义。孩子画画的时候会把情绪带进去，这些并不仅仅是孩子们随意涂鸦的图案，而是真真切切表达了他们内心的反映。父母只要注意到了这些图案，便能理解孩子所要表达的意思。

孩子的图画就是和这个成人世界交流的渠道，正如心理学家戴维·奥尔森所说——儿童涂鸦没有一幅画是无意而为。孩子会在画图的过程中倾注自己的情绪，这是孩子表现自我认识，自我感受的主要方式。了解孩子笔下图案的意义，有助于妈妈更加深层次地了解孩子内心所想，从而更准确地引导孩子走出情绪的困境。不过需要注意的是，对于孩子的图画，妈妈要客观对待，切勿以自己的个人主观臆想判断。

如果孩子画了一个圆圈，那么就代表此时的孩子很孤独，缺乏安全感。如果画了很多圆圈，那么就表示孩子心情不好，很犹豫，感到了郁结。孩子在 3 岁到 4 岁这一时期容易进入到一个"圆形符号期"，这个时候的孩子会用圆形和一些简单的线条来表达一切事物，画面往往很抽象，所以家长也要注意加以区别。

如果孩子画了一朵花，花上面被一颗大大的太阳照耀着，妈妈不要被表面的讯号所误导,以为孩子所要表达的意思是阳光乐观,其实,这正是代表着孩子脆弱的一面,孩子的想象力很丰富,同时又十分渴望像花朵一样被阳光的温暖包围。

如果孩子画的太阳是黑色的,那么就说明孩子此时感到压抑。

如果孩子画了格子,就代表了犹豫,遇到了困难不知所措,犹豫不决,妈妈发现了应该及时引导孩子做出正确的决定,不要压抑到孩子。

如果孩子画的是箭头,箭头有尖尖的角,像是英雄手上的矛,含义是愿望或者带有侵略性的愿望,指向方向不同则含义也有变化,高处代表他人,低处则代表自己,左边指向过去,右边,预示着未来。

如果孩子画的是星星,星星在天空一闪一闪的,散发着自己的独特的光芒,代表着孩子想要展现自己的时刻到了。妈妈可以在这个时候引导孩子自然而然的展现出自己的才能,让孩子更有自信面对未来。

如果孩子画的是很有棱角的方形或者是三角形,那么这样的孩子一般都会很有自己的主意,棱角越是鲜明就代表这个孩子做事越有自己的一套方案,也越不容易听从别人的指挥。

如果你的孩子体质较弱,不爱和小朋友们一起玩,经常表现出孤独的情绪,而且他也不愿意和你交流,那么就给他一只画笔吧!让他通过笔下的图案将不良的情绪,特别是愤怒、抑郁、无助发泄出来。此外,妈妈还可以在生活中多引导发现不同的美丽的色彩,比如树上的小鸟,花园里千姿百态的花朵,超市里堆放在一起的香气四溢的各种水果等,将它们一一画出来。这样可以让孩子多看到这个世界的美好,同时将美好的心情记录下来,从而培养出孩子善于观察的眼睛和良好的心境,可谓是一举两得。

○ 给孩子一个专属的宣泄空间

曾有心理学家做过一项实验,得出过这样一个结论:当两个个体之间挨得太近,那么个体之间就会产生拥挤等不舒适的感觉,因为这两个个体之间打破了原来所占领域的平衡,进而影响正常的活动。这被心理学家称为"个人空间定律"。

后来,有人为验证这一定律又进行了另外一项实验:在一个房间里安排了超过这个房间所能容纳的人数,于是里面的人会感到十分拥挤。这时,如果有个陌生人进来,就会被房间里的人仇视,男性甚至会对这个新来者表现出攻击倾向,房间里的人的焦虑指数也会越来越高。

"个人空间定律"和后面的这个可以归纳为一句我们常说的话——距离产生美。想象一下,如果一群刺猬为了取暖而抱在一起,会感到暖和么?

某知名女演员曾经在节目里说:"我很希望自己的房间成为能哭的地方,仅仅是在心情不好时,或者于己不利时有一个避难的场所。"

心理学研究表明，只有当一个人的个人空间不被侵犯，个人的隐私得到尊重，心境才能平和，才能对周围的人和事感到安全。而当一个人的独立区域被外来力量强势侵入，则会表现得不安、焦虑、对事物戒备甚至驱逐。

总有些父母打着"为孩子好"的幌子对孩子的个人空间多加干涉，会对自己不赞同的行为一顿呵斥，殊不知这会让孩子的心情雪上加霜。或许孩子只是需要一个放松，但是因为父母的干涉就会变得闷闷不乐，心情沉郁。与此同时，他们还可能会因为对父母的"不爽"情绪而拒绝与之沟通，将父母拒绝在心灵的门户之外，这对孩子的心灵发展实在是没什么好处。

小春一直是个听话的孩子，家里长辈邻居都夸她是个好孩子，可是有一次这样一个好孩子却和妈妈发生了争执。原来，小春妈妈给小春整理房间的时候，没有经过她的同意就把她很喜欢的一个玩具娃娃给扔了。小春很生气，"你为什么要进我的房间，不经过我同意就把娃娃给扔了！"小春妈妈见到女儿这个态度也是气恼不已，"我辛辛苦苦给你整理房间，还被你这样说。"一气之下也不管小春了，母女之间因为这件事斗了好长时间的气。

父母和孩子是这个世界上最亲密的人，可是即使如此，父母和孩子之间也是需要"距离"的。很多父母会以担心孩子为由对孩子的个人区域抱有不重视的态度，随意翻看孩子的日记本，或者不经孩子的同意扔掉孩子的东西，孩子就会感到不被尊重而产生消极情绪。家长会常常告诉孩子不要随便翻看自己的东西，因为那很重要,但为什么不换位思考一下,有些东西对于孩子来说,也是只能自己一个人知道的宝贝呢?

要知道,孩子作为一个独立的个体,也是需要自己的空间的。这个空间不仅仅代表独立的个人房间,更是能让自己安心学习、玩耍的空间,不被强加的意志,可以自己独立的选择。孩子在这个只属于自己的地方,想画画、学习、写字,都能出于自愿。他们可能会想把今天刚刚学过的歌曲再在脑海里演习一遍,或是想把作业留在跳一支舞蹈之后再做,做什么以及何时做都在于自己的选择。能够发出主动性的行为,比被家长强迫的干涉做一件事,效率自然要高得多,孩子得到的益处也多得多。

阳阳每天完成作业后,剩下的时间就是自己的了,这个时候妈妈会让他自己选择做一些事情,或是待在房间里玩飞机模型,或是到附近公园里和小朋友们一起玩老鹰捉小鸡。有的时候还会发一会儿呆。

妈妈不会干涉他,只是告诉他出去玩的话要早点回家,偶尔会引导他。

所以,阳阳从小就很能为自己做决定,阳阳妈妈也很欣慰。

给孩子一个充分独立自由的空间,让它成为孩子的宣泄空间。孩子可以在这个空间里大叫、乱跑,即使是父母也不会来多加指责,这会让孩子感到安全,一旦情绪得到宣泄,那么孩子便能自然而然地回归到正常轨道上来。

当然,宣泄空间对于孩子的很多问题是有效的,但是一旦遇到在这个宣泄空间里也不能解决的问题时,妈妈就要和孩子及时沟通,告诉你的孩子怎样正确控制自己的情绪,在以后遇到同类事情的时候,怎样有效快捷地解决它。

○ 积极暗示,让孩子摆脱坏心理

心理学家巴甫洛夫认为,暗示是人类最简单、最典型的条件反射。所谓心理暗示,是指人接受到人的愿望、观念、情绪、态度等影响的心理特点。

心理暗示会对人产生强大的力量。在心理学上有一个著名的实验,实验者在接受实验者的手臂上纷纷放了一块试纸,并告诉他们这是一张有特殊功效的试纸,能让试纸所接触地方的皮肤变红变热。十分钟后,实验者把他们手臂上的试纸解了下来,一看,果然发红并且也变热了。其实,这只是一张普通的纸,是接受实验者的心理暗示让皮肤发生了变化。

同样,心理暗示对于培养孩子的性格、学习和生活习惯以及意志品质方面也有很重要的作用。这些作用有积极的,也有消极的。积极的心理暗示往往比说理教育还好,能融洽父母与孩子之间的关系,含蓄又委婉,有利于孩子在无形中养成良好的性格和心态,帮助孩子往好的方向发展,在积极暗示下成长起来的孩子心智发展也更全面,品格也更优秀。消极的暗示则是孩子心灵的腐蚀剂,让孩子情绪低落,产生自卑和自弃的心理,让孩子脆弱而娇气,很容易被困难打倒且一蹶不振。

有一天幼儿园放学，蓉蓉和乐乐一起下课牵手出了校门，站在校门对面的蓉蓉的妈妈和乐乐的外婆，一起等着他们。

两个孩子手拉着手，蹦蹦跳跳地朝着妈妈和外婆的方向跑过去，可是一不留神，砰的一声，蓉蓉摔倒在了地上，乐乐被她顺势拉了下去，也摔在了蓉蓉的身边。

两个孩子开始还没哭，完全没怎么反应，只愣愣地看着妈妈和外婆焦急地向这边跑来。

蓉蓉妈妈一把把蓉蓉抱在怀里，问，"宝贝摔疼了吧？痛不痛？"蓉蓉听到妈妈的安慰，眼泪哗地掉了下来，特别委屈地哭了起来。

这个时候，乐乐外婆也过来，拍了拍乐乐说，"没有什么，宝宝一用力就可以起来了，外婆带你去看看那边是不是有好玩的。"于是乐乐立刻乐颠颠地起来，安慰了一会儿蓉蓉，跟着外婆乐颠颠地走了。

其实刚开始蓉蓉和乐乐都没哭，蓉蓉妈妈的话暗示蓉蓉自己摔倒了是很疼的，于是就开始哭。但是乐乐外婆暗示乐乐摔倒也没有什么，所以他很快忘记了摔倒的疼痛。同样是摔跤，不同的心理暗示带来的效果是截然不同的。

每天，孩子都能接收到不同的暗示，这些暗示可以从身体、眼神、神态等各个角度传达给孩子。有调查表明，几乎90%在品质、意识和智力方面有杰出表现的人，在自己的童年或少年时期都受到过来自亲人的积极的暗示，最多来自母亲，有的来自父亲、老师、祖父母等。而在这所有的暗示中,来自妈妈的暗示是孩子健康成长的关键,因此妈妈平时就要特别注意给孩子积极的暗示,让孩子保持乐观积极的心态,从而有助于他身心的健康发展。

给予孩子积极的暗示,最重要的就是要注意平时与孩子交流中说话的方式,同一个意思用不同的句子说出来,效果可能就会截然不同。例如,当你想让孩子变得更独立,就要告诉他独立的种种好处,而不能说"如果你不独立,妈妈就不要你了"这一类话来刺激孩子。如果你想让孩子不怕黑,那么可以给孩子讲关于黑夜的美丽故事,黑夜里,星星们在悄悄地说话,花儿们也在静静地绽放,让孩子心生向往,从而不再怕黑,而不是给孩子讲关于黑夜的可怕,那样只会令孩子更加消极。

积极的暗示在潜移默化中影响着孩子稚嫩的心灵。一个称职的好妈妈有责任和义务将积极心态、积极情绪传递给孩子,牵引着孩子朝着健康、积极向上的成长之路前进。

○ 运动,摆脱坏情绪的好办法

法国思想家伏尔泰有一句话:"生命在于运动",这句话流传至广。千千万万人传诵的话不是没有道理的,运动对于人的情绪的确具有极大的益处。

国外有一位心理学家曾经用体育疗法对13位抑郁症患者进行治疗,并取得了比预料更好的疗效。在这治疗的5个月里,他为他们规定了需要每天运动的运动量和各自的运动方式，让这13个患者坚持做。5个月之后，这些病人的病情都有了不同程度的好转，开始愿意与人交流，许多人都感到自己的情绪已经大为改观，并且已经投入到新的工作中去，又能正常的学习以及应对自己的人际交往。

由此可见，体育运动对于人的情绪的改善作用是显著的。

情绪可以决定孩子的整体状态和发展走向。好情绪能帮助孩子拥有更好的精神面貌，充满活力；坏情绪则会让孩子陷入泥潭，止步不前。儿童心理学家发现，多进行体育锻炼不仅可以锻炼身体，增强体质，更能改善孩子情绪，摆脱困扰。适度的运动可以帮助孩子调整到一个好的精神状态，摆脱坏情绪的困扰。

莲莲从上幼儿园开始就十分内向，不爱和小伙伴一起玩，总是躲在自己的角落，有的时候老师让莲莲起来答问题也会因为莲莲的紧张，最终不得不让她再坐回去。

对此，莲莲的妈妈十分担心，担心莲莲这么小就患上了自闭症怎么办，于是带着莲莲去医院检查，检查结果出来后医生说孩子没什么大问题，于是建议莲莲去学游泳和体操，一段时间后，果然见了成效。莲莲开始和小伙伴们一起玩，人也开朗了很多。

可见，莲莲因为运动缓解了以前在人群里的紧张情绪，降低了恐惧。同样，如果你的孩子找不到一个好办法来排解坏情绪，那么就让他去运动吧！

不过，运动的种类繁多，情绪的种类也为数不少，不同的运动所改善的情绪当然不同。以下就是一些运动所具体改善的情绪，妈妈可以多看一下，针对自己孩子的具体情况加以实施。

如果孩子因为环境长期稳定不下来，在一个地方待不了多久就马上要换到另一个地方，就容易产生焦虑情绪。心理学家研究发现，克服焦虑情绪的最佳运动是荡秋千，据资料显示，每天荡秋千20分钟，孩子大脑分泌的快乐因子呔多芬就会增加80%，孩子的焦虑也就大幅度降低了，从心里感受到快乐。如果你的孩子不是很喜欢这一运动，那么还有钓鱼、双手接球一类的运动可以选择。

如果孩子经常感到沮丧，没有信心去做本来应该会做的事，踟蹰不前，总是小心翼翼担心结果又会失望，这个时候就可以让他多进行跳绳、跑步等简单又能在短期内取得成效的运动。如果孩子会游泳的话，那么还可以让孩子在水中游个20分钟，那么一切消极情绪就可以有效得到缓解了。

如果孩子容易骄傲，争强好胜心很重，妈妈可以安排一些比较复杂的运动，比如千米长跑、乒乓球、跳水等给他。但是，需要注意的是适度即可，不可为了防止孩子骄傲就打击孩子，过于骄傲和过于自卑，这两个极端相信哪个方面都不是妈妈愿意看到的。

如果孩子容易暴躁，没有耐心的话，那么就可以多让孩子进行下棋、太极拳等需要耐心才能完成的好的运动，让孩子的情绪逐渐慢下来，不骄不躁地去完成一件事。

但是需要注意的是，运动要以孩子的健康和生命安全为前提。在孩子的情绪比较强烈时，他是不适宜进行运动的，因为人的情绪会直接影响人体机能的正常发挥，进而影响心脏、心血管及其他器官，太过强烈的情绪可能会对孩子的身体健康产生极为不利的影响，甚至会给生命带来威胁。此外，进餐后也是不适宜马上运动的，因为此时会有较多的血液流向胃肠道，以帮助食物消化吸收。如果餐后立即运动的话，就会妨碍食物的消化，时间一长会招致疾病。